Wetterleuchten einer Zeitwende

Rudolf Hauschka
Autobiographie

Wetterleuchten
einer Zeitenwende

Rudolf Hauschka
Autobiographie

NATUR • MENSCH • MEDIZIN

Verlags GmbH Bad Boll

Bibliografische Information der Nationalbibliothek
Die Nationalbibliothek verzeichnet diese Publikation in der Deutschen Nationalbibliografie; detaillierte bibliografische Daten sind im Internet über http://dnb.d-nb.de abrufbar.

NATUR · MENSCH · MEDIZIN
Verlags GmbH Bad Boll

Erstausgabe 1966
2. Auflage 1982
[ISBN-10 3-465-01550-9]
Weitere Copyrighthinweise siehe S. 156

Lizenzausgaben:
Mit freundlicher Genehmigung
des Vittorio Klostermann Verlags, Frankfurt am Main
Überarbeitete Taschenbuchausgabe, 1. Auflage 1997
2. Auflage 2007

ISBN 978-3-928914-07-9
Umschlagfoto: Dr. R. Hauschka

Printed in Germany

INHALT

VORWORT zur überarbeiteten Taschenbuchausgabe

Nimmt man die Autobiographie von Rudolf Hauschka zur Hand und betrachtet sie ihrem Inhalt nach, so fällt ins Auge, welch großen Raum Rudolf Hauschka den Schilderungen seiner verschiedenen beruflichen Tätigkeiten widmet. Und tatsächlich enthalten ja seine Arbeiten und Forschungen so viel Gegenwärtiges und Zukünftiges, daß sich auch heute noch Mitarbeiter der WALA-Heilmittel GmbH, deren Mitbegründer er war, diesen Impulsen verbunden fühlen können. Vieles hat von dort aus seinen festen Platz in der anthroposophisch erweiterten Medizin gefunden, zum Segen erkrankter Menschen. So geschieht diese Neuauflage nicht aus Konvention, sondern aus der Verbundenheit mit seinem Lebenswerk.

Sie werden die neue Ausgabe um einige Abbildungen ergänzt finden. Textstellen, die der Erklärung bedürfen, um allgemein verständlich zu sein, oder Aktualisierung erforderten, sind mit den entsprechenden Fußnoten versehen. Der besseren Übersicht wegen wurden außerdem Zwischenüberschriften eingefügt. Ansonsten ist der Text unverändert geblieben.

Unser besonderer Dank gilt Frau Irmgard Marbach in ihrer Eigenschaft als Nachlaßverwalterin für die freundliche Überlassung von Fotografien und ihre Mitwirkung an dieser überarbeiteten Auflage. Ebenso danken wir Frau Heidrun Künstner für die künstlerische Gestaltung des Hyperbel-Motivs.

Nun wünschen wir diesem Buch eine weite Verbreitung im Interesse der anthroposophisch erweiterten Medizin und dem Leser unterhaltsame Stunden beim Studieren des ereignisreichem Lebens Rudolf Hauschkas.

Holger Schüle, Eckwälden 1997

VORWORT zur 1. Auflage

Als der akademische Senat in Wien mich kürzlich zur Feier meines goldenen Doktorjubiläums einlud, kam mir in der Rückschau wieder einmal so deutlich zum Bewußtsein, was für ein reiches und vielfältiges Leben mir beschieden war. Wie ist die Welt anders geworden, seit ich die Hochschule verlassen hatte und auf Wanderschaft ging! Mein Doktordiplom wurde noch im Namen Seiner k. und k. Apostolischen Majestät Franz Joseph I. verliehen. Man lebte noch – wenn es auch überall kriselte – im fest gefügten Rahmen der österreichisch-ungarischen Monarchie und fühlte sich für die Aufgaben, die dieses Staatswesen in der Welt noch hätte haben können, verantwortlich.

Und jetzt: Ein Sturmwind nach dem andern fegte die alten Formen hinweg, gewaltige Umbrüche und Aufbrüche veränderten das Antlitz Europas, ja der ganzen Erde. Soziale Katastrophen forderten eine neue Struktur des menschlichen Beisammenseins. Selten hat ein Jahrhundert die Menschheit so radikal vor neue Aufgaben gestellt wie dieses. Werden wir sie meistern?

In solche Gedanken und Überlegungen schlug die Initiative meines Verlegers ein: Ich sollte doch meinen Lebensgang schreiben. Es komme ja nicht oft vor, daß ein Menschenleben die revolutionierenden Ereignisse eines solchen Jahrhunderts umfaßt. Wie diese Ereignisse in einem Menschen sich spiegeln, wie sie eine Menschenseele zu Taten anregen, das sei doch für die Zeitgenossen interessant. Soweit der Verleger.

Ich selbst glaube überdies, daß es meine Aufgabe sein könnte, darzustellen, wie eine Menschenseele in diesem zwanzigsten Jahrhundert zu sich selber findet und zu ihren Aufgaben *in* der Welt und *für* die Welt.

So habe ich mich entschlossen, meinen Weg durch Kindheit, Lehr- und Wanderjahre bis zur Erfüllung der Öffentlichkeit anzuvertrauen.

Boll, Weihnacht 1965

Dr. Rudolf Hauschka

KINDHEIT

Meine früheste Erinnerung in diesem Leben – ich war etwa 2½ Jahre alt – veranlaßt mich heute noch, mit Dankbarkeit mein Schicksal zu bejahen.

Ich saß am Fußboden der elterlichen Wohnung und spielte. Plötzlich fuhr ein Blitzstrahl vom Himmel, gefolgt von einem mächtigen Donnerschlag. Ich muß wohl heftig erschrocken sein, denn mein Großvater, der im gleichen Raume war, wandte sich mir zu, strich mit seiner Hand über meinen Kopf und sagte: „Der Himmelvater spricht." Diese Worte hatten mich völlig getröstet und beruhigt. Diesen ersten unauslöschlichen Eindruck trug ich durch alle Fährnisse meines Lebens hindurch. In allen späteren brenzligen Situationen erinnerte ich mich „Der Himmelvater spricht" – und es donnerte oft. Die Ehrfurcht und das Vertrauen in eine geistige Führung haben mich auch in meinen „atheistischen" Lebensperioden nicht verlassen.

Meine physischen Vorfahren lernte ich erst spät kennen. Es war im Ersten Weltkrieg – ich war Offizier in der österreichischen Armee – und ich mußte von Wien nach Salzburg fahren. Der Zug war überfüllt; als Oberleutnant hatte ich Anspruch auf einen Platz der zweiten Klasse. Aber alle Abteile waren besetzt, so machte ich einen Vorstoß in ein Abteil erster Klasse. Ich erschrak, denn da saß ein hohes Tier mit roten Generalsstreifen. Ich stammelte meine Meldung und wollte mich wieder zurückziehen. Aber – siehe da – der General entpuppte sich als ein gemütlicher alter Herr, der mich zum Sitzen aufforderte und ein

Gespräch mit mir begann. Es stellte sich heraus, daß er der Feldmarschalleutnant Hauschka Ritter von Treuenfels war. Von seiner Existenz hatte ich vorher keine Ahnung gehabt; aber es war mir sehr interessant, von ihm etwas über unsere Vorfahren zu hören. Danach waren meine Ahnen Hussiten, die am Prager Fenstersturz beteiligt waren und am Galgen endeten. Nur einem gelang es, nach Siebenbürgen zu entfliehen, wo er das Geschlecht der Hauschkas fortsetzte. Dieser Zweig der Familie wanderte zur Zeit Maria Theresias wieder nach Österreich zurück. Einer von ihnen zeichnete sich im Siebenjährigen Krieg als Heerführer aus und wurde als „Ritter von Treuenfels" in den Adelsstand erhoben. Von ihm stammt die militante Linie derer von Treuenfels ab. Die zivile Linie soll einen bedeutenden Pädagogen hervorgebracht haben, der unter Josef II. die Elementarschulen eingerichtet hat. Es könnte also sein, daß ich diesem Vererbungsstrom angehöre.

Gelegentlich des Nachweises meiner arischen Großmutter im Dritten Reich mußte ich mich von unten auf mit meinen Vorfahren beschäftigen. Ich stieß bis ins fünfte Glied vor, traf aber weder auf einen Heerführer noch auf einen Pädagogen. Lediglich bäuerliche Verhältnisse fand ich vor. Mein Urgroßvater war Hirte. Mein Großvater war Schmied und trug den Namen Seraphim. Er wanderte aus dem nördlichen Böhmen um die Mitte des vorigen Jahrhunderts nach Wien ein. Ich war ihm sehr zugetan, denn er war immer fröhlich und ungemein gütig. Er stand fast bis zu seinem neunzigsten Lebensjahr am Amboß und formte das glühende biegsam-weiche Eisen zu Sporen, Steigbügeln, Trensen und sonstigem Pferdegeschirr. Für mich war es Seligkeit, neben der Esse zu stehen und den Fußhebel treten zu dürfen, womit der Blasebalg betätigt wurde. Wenn dann das Kohlenfeuer aufflammte und die Eisenstücke, die

Schmiedemeister Franz Seraphim Hauschka – 1925 (neunzigjährig)

darin lagen, erglühten – zuerst rot, dann orange-gelb, bis blendend weiß –, dann nahm mein Großvater eine große Zange, nahm das Eisen aus dem Feuer und bearbeitete es mit dem Schmiedehammer auf dem Amboß. Bei jedem Schlag sprühte das Eisen hunderte funkelnder Sterne in den Raum. Das arme Eisen tat mir leid, denn es krümmte sich unter den Schlägen und nahm die Formen an, die Großvater ihm zugedacht hatte. Schließlich wurde es noch in einen bereitstehenden Zuber kalten Wassers getaucht. Es schrie und zischte laut auf – aber dann war es ein stählerner Steigbügel oder ein paar Reitersporen. Neben der Schmiede war die Werkstätte, wo einige Gesellen und Lehrlinge die aus der Schmiede kommenden Werkstücke ausfeilten.

Am Nachmittag „zur Jausenzeit" wurde ich oft von Großmutter gerufen, und ich durfte dem Großvater den „Jausentee" bringen, mit einem Stück Gebäck, das meistens ein „Mohnstrizzel" war. Letzteres wurde großväterlich geteilt.

Mein Vater war auch durch diese Schule gegangen. Nach beendeter Lehrzeit ging er jedoch als Wanderbursche nach dem Ruhrgebiet, wo er in verschiedenen metallverarbeitenden Betrieben – speziell in Iserlohn – arbeitete. Er kehrte mit Erfahrungen und Ideen nach Wien zurück und errichtete im Anschluß an die Schmiede des Großvaters eine Metallfeinschleiferei mit Galvanisiererei. Die Werkstücke des Großvaters verließen nun auf Hochglanz poliert und fein vernickelt, verchromt oder versilbert den Betrieb des Vaters. Später folgten alle Arten von Metallutensilien, Installationsmaterial und chirurgische Instrumente.

1890 heiratete Vater meine Mutter und 1891 kam ich zur Welt. Meine Mutter war dem Vater eine treue und sorgende Kameradin. Sie führte die Geschäftsbücher, und ich erinnere mich, wie sie oft die Nächte hindurch die Geschäftskorrespondenz bearbeitete.

Wir bewohnten mit den Großeltern ein altes Wiener Haus in der Josefstadt, einem der inneren Bezirke Wiens; freilich sah es damals noch anders da aus als heute. Die Häuser waren einstöckig, hatten ausgedehnte Höfe, an die sich unabsehbar die Hausgärten und die Gärten der Nachbarhäuser anschlossen. Unser Haus hatte auf der Hofseite einen grüngestrichenen Laubengang, der die elterliche und die großelterliche Wohnung verband. Wir hatten die

Straßenfront inne und die Großeltern eine Zimmerflucht, die seitlich in den Hof ging. Zu ebener Erde lag links die Schmiede des Großvaters mit den Werkstätten, rechts weiter im Hintergrund der Betrieb meines Vaters, dazwischen der Hühnerstall der Großmutter, der Taubenschlag und zeitweise die Unterkunft zweier Pferde. Von unserem Laubengang konnte man den ganzen Komplex übersehen, den langgestreckten Hof bis in die Nachbargärten. Es war ein ganzer, lebensvoller Organismus.

Unsere Wohnung war ein Prachtstück. Es muß in diesen Räumen wohl einmal ein hoher Würdenträger gehaust haben. Unmittelbar vor uns wohnte da ein Major, der auszog, als er zum Militärkommandanten von Bosnien und Herzegowina ernannt wurde.

Die Räume waren hoch, die Türstöcke halbrund geschwungen, mit Flügeltüren; die Fenster waren sogenannte „Bauchfenster" – das sind halbrund nach außen ausladende Fenster mit gewölbtem Glas – davon gab es in jedem Raum von drei Fenstern das mittlere. Sie waren voll mit leuchtenden Blumen. Das Schönste aber war der Fußboden: Parkett mit Einlegearbeit, wunderbare Figuren zeigend – so etwas würde heute sicherlich unter Denkmalschutz gestellt sein.

Auf diesem Fußboden verbrachte ich einen großen Teil meiner Kinderjahre, mit Bauklötzen spielend oder längslang auf dem Bauch liegend auf einem großen Bogen weißen Packpapiers, das ich aus Vaters Kontor bezog. Mit farbigen Stiften zeichnete ich Blumen, Bäume, Tiere – vor allem Pferde – und Menschen in allen Lebenslagen. Später, als ich schreiben lernte, gab ich eine Zeitschrift heraus – eine Art Gartenlaube – in der ich meine Erlebnisse wie in einem Tagebuch aufzeichnete und illustrierte. Das geschah alles auf dem Fußboden.

Ich hatte mein Reich in dem mittleren Zimmer zwischen dem Elternschlafzimmer und unserem Wohn- und Eßzimmer. Dort schlief ich auch. Eines Nachts gab es Alarm. Das Dienstmädchen weckte die Eltern und behauptete, drei Männer gesehen zu haben, die versucht hätten, die Wohnungstür aufzubrechen. Vater schlüpfte flugs in seine Kleider und ergriff einen schweren Kavalleriesäbel, der als Erinnerung an seine Militärzeit an der Wand hing, Mutter zündete eine Stall-Laterne an und begleitete den Vater auf der nun einsetzenden Einbrecherjagd. Natürlich durfte ich nicht mit und muß ehrlich gestehen, daß ich mich als Zuschauer auf dem grünen Laubengang auch viel wohler fühlte. Ich konnte von da aus verfolgen, wie jeder Winkel durchleuchtet und durchsucht wurde bis in das Gebiet der Nachbargärten. Ich bewunderte meinen Vater, wie er mit dem Schwert in der Faust der Gefahr entgegentrat; ich bewunderte auch meine Mutter, wie sie mit ihrer Laterne neben dem Vater standhaft und treu durchgehalten hat. Die Aktion verlief jedoch erfolglos und man vermutete, daß die Existenz der Einbrecher in einem Alptraum des Mädchens zu suchen war.

Meine Gesundheit ließ in diesen Jahren – eine Folge der Pocken-Schutzimpfung – zu wünschen übrig. Ich kränkelte dahin, die Ärzte waren ratlos. Da verlor meine Mutter das Vertrauen zur Schulmedizin; sie kaufte sich einige Kneippbücher und begann – gegen den Widerstand der engeren und weiteren Verwandtschaft – mich mit Wasser zu behandeln. Jeden Morgen wurde ich in kaltes Wasser gesteckt oder abwechselnd begossen und mußte nachher noch eine Viertelstunde ins Bett zum „Nachdunsten“. Die ganze Prozedur behagte mir gar nicht. Wenn aber dann im „Nachdunsten“ die Glieder sich wieder wohlig erwärmten, so bot mir das einen angenehmen Ausgleich für den erlittenen Schock. So wurde ich auch allmählich kräftiger.

Im Sommer fuhr meine Mutter mit mir ins Kamptal. Der Kamp ist ein Fluß, der nahe an der böhmischen Grenze in den Ausläufern des Böhmerwaldes entspringt und im „Tullnerfeld" in die Donau mündet. Er führt Eisen in seinen Fluten, und da sollte ich durch Baden mein angeschlagenes Blutsystem auffrischen. Das war mit Schwierigkeiten verbunden, denn ich war nicht zu bewegen, nur mit einer Badehose bekleidet, in die Öffentlichkeit zu treten. Meine Mutter hatte einen Badeanzug an, der bis zum Hals geschlossen war, und ich fand es ungerecht, daß *ich* halbnackend mich zeigen sollte. Ich fragte meine Mutter, warum sie nicht auch nur eine Badehose anziehe. Ich bekam eine Ohrfeige und mußte wohl oder übel hinaus ins feindliche Leben. Ich empfand es als Glück, daß meine Badehose viel zu groß und umfangreich war. So zog ich sie hinauf bis unter die Achseln, so daß die Brustwarzen bedeckt waren; das war mein Badedebüt im Kamptal.

Durch meine Badeerfahrungen mutiger geworden, leistete ich mir ein anderes Heldenstück: Es war Kirchweih im Dorf, und traditionsgemäß wird da eine bis zum Wipfel entschälte, sehr hohe Tanne als „Kirtabaum" aufgestellt. Unter dem Wipfel war ein Kranz angebracht mit bunten Bändern, Salami, Bierflaschen und Beutelchen mit Silbergulden. Ich beschloß, mir eine Salami zu holen, und kletterte den Stamm hoch. Ich kam bis zur Hälfte, dann verließen mich die Kräfte, und ich trat den Rückzug an. Dabei rutschte ich den Stamm entlang nach abwärts und scheuerte mir Arme und Beine, vor allem aber die Wangen, erheblich auf. Ich rannte nach Hause, um meine schmerzenden Wangen und Glieder zu behandeln. Dort hatte meine Mutter eine Schüssel mit Pfirsichen mit einer weißen Serviette zugedeckt. In meiner Verzweiflung ergriff ich die Serviette und drückte sie auf meine aufgescheuerte blutige Wange. In der Serviette hatten sich aber mehrere Wespen eingenistet, die mir das Gesicht zerstachen. Zwölf Wespen lagen tot auf der Walstatt – ich selbst aber konnte bald nicht mehr sehen, denn alles war dick zugeschwollen. Meine Mutter linderte das Leiden mit essigsaurer Tonerde, und am nächsten Morgen war ich schon wieder relativ vergnügt.

Meine Mutter zog auch auf dem Ernährungsgebiet neue Saiten auf. Eine Reformbewegung gab es damals noch nicht, und so wurde sie selbst schöpferisch. Immer wieder gab es neue Gerichte, neue, bis dato unbekannte Gemüse und Obstsorten. Morgens gab es nicht das übliche Wiener Frühstück: Kaffee mit „Kaisersemmeln", sondern Kräutertee mit Schrotbrot und Honig. Mein Vater unterstützte das sehr und auf seine Veranlassung bekamen wir lange Zeit zum Frühstück Einbrennsuppe mit Kümmel – eine Reminiszenz aus seiner Militärzeit.

Als ich schulpflichtig wurde, ließ mich meine Mutter in der evangelischen Privat-Schule am Karlsplatz einschreiben. Ich könnte nicht sagen, daß dies einen besonderen Eindruck auf mich gemacht hätte. Ich lernte leicht lesen und schreiben. Doch der Schulweg war weitaus interessanter als die Schule selbst. Es war ein weiter Schulweg – etwa eine dreiviertel Stunde zu Fuß. Im ersten Schuljahr wurde ich von meiner Mutter hingebracht und wieder abgeholt. Es waren drei große Verkehrsadern zu traversieren; aber im zweiten Schuljahr schaffte ich es schon selbständig.

Bei schlechtem Wetter bekam ich fünf Kreuzer für die Straßenbahn. Das war damals eine Pferdebahn. Es gab zweispännige und einspännige Garnituren. Ich war wählerisch und wollte nur mit einem feurigen Zweigespann fahren. Da mußte ich oft lange warten, bis ein Gespann nach meinem Geschmack daherkam, so daß ich meist schon klitschnaß vom Regen war, bevor ich die Tram bestieg. Andererseits taten mir die traurigen Einspänner leid, und wenn ich die „Mitleidstage" hatte, wartete ich extra auf ein kleines Tramwägelchen mit einem einsamen, meist klapperdürren Pferdchen davor. Da teilte ich zuerst mein Frühstücksbrot, das ich im Schulranzen hatte, mit ihm, und der meist wohlwollende Tramkutscher wartete so lange, bis die Fütterung beendet war.

Bei diesen Schulexpeditionen stand ich natürlich stets auf der vorderen offenen Plattform neben dem Kutscher in Wind und Wetter. Die Tramlinie machte einen großen Umweg. Sie ging zuerst über die Ringstraße und bog dann bei der Kärntnerstraße zum Karlsplatz ein. Der Zweck der Fahrt, mich in möglichst trockenem Zustand zur Schule zu bringen, war also kaum jemals erreicht.

Später lernte ich, auf fahrende Fuhrwerke hinten aufzuspringen. Das machte erstens Spaß und zweitens sparte ich fünf Kreuzer. Das Abspringen am geeigneten Ort und im richtigen Moment war anfangs nicht so leicht und mußte extra gelernt werden. Zuerst landete man mit mehreren Purzelbäumen mitten auf der Straße im dichten Verkehr; dann aber lernte ich, daß man sich zuerst auf den Bauch herumdrehen und beim Abspringen einige Schritte mitlaufen mußte.

Mit den ersparten fünf Kreuzern finanzierte ich den Ankauf eines „Russen" und eines „Schusterlaberls". Als „Russe" bezeichnete man in Wien einen sauren Hering kleinerer Sorte, der in großen Fässern mit viel Zwiebeln und Wacholder sauer eingelegt war. Er kostete einen Kreuzer und ich bekam bei meinem Stammlieferanten immer viel „Zuspeis" – d. h. Zwiebel mit Wacholder – mit in die Tüte. Ein „Schusterlaberl" war ein Gebäck, das im Gegensatz zur „Kaisersemmel" aus dunklem Mehl hergestellt war und demgemäß bei gleichem Preis etwa doppelt so groß war wie eine Kaisersemmel. Es kostete zwei Kreuzer.

Die von den fünf verbliebenen zwei Kreuzer wurden einem schwarzen Fonds in einem sicheren Versteck zugesellt, aus dem ähnliche Bedürfnisse – etwa saure Gurken oder „Pfefferoni“ – bestritten wurden; denn ich bekam nicht jeden Tag fünf Kreuzer für die Tram.

Natürlich hatte ich zu Haus beim Mittagessen keinen rechten Appetit mehr, was häufig zu Dramen Anlaß gab; denn meine Mutter sorgte sich sehr um meinen Ernährungszustand. Sie gab mir dann immer bitteren „Tausendgüldenkrauttee“ zu trinken, ja, ich bekam sogar täglich ein Fläschchen mit in die Schule, damit mein Appetit für den Mittag angeregt werde.

Den Sommer verbrachten wir auf dem Lande. Ich wurde schon immer im Mai vom Schulbesuch dispensiert und hatte herrliche Ferien bis zum Schulbeginn Mitte September. Wir wohnten auf einem einsamen Bauernhof inmitten von Feldern, Hügeln und Wäldern im Alpenvorland, in der Ferne die schneebedeckten Berge, zwei Wegstunden von Melk an der Donau. Mein Vater kam immer nur zum Wochenende auf Besuch.

Dort befreundete ich mich zunächst mit den Tieren; die sieben Pferde hatten meine besondere Liebe; ich wußte bald, welches Paar für bestimmte Aufgaben (Pflügen, Eggen, Heuen oder vor die Bauernkutsche, das Steirerwagerl) eingespannt werden mußte. Aber auch die Kühe konnte ich mit ihren Namen ansprechen, und selbst mit dem Stier, vor dem man mich gewarnt hatte und von dem Schauergeschichten erzählt wurden, stand ich auf gutem Fuß. Alois, der etwa gleichaltrige Sohn des Bauern hatte die Hühner, Enten und Gänse zu betreuen. Die Gänseherde mußte jeden Abend heimgetrieben werden, wobei ich natürlich half. Am ersten Abend meinte ich etwas besonders Kluges zu tun, als die größte der Gänse – es stellte sich später heraus, daß es der Gänserich (in Österreich Gaunauser genannt) war – von der Herde weg auf mich zulief, und ich sie treuherzig und gerührt an meine Brust drückte, um sie zu liebkosen. Erst dann merkte ich, daß das heimtückische Biest mit dem Schnabel auf mich loshackte. Ich konnte nur mit Mühe meine Augen sichern. Alois wollte sich ausschütten vor Lachen. Ich aber trug tagelang die Spuren der Attacke in Form blutunterlaufener Stellen mit mir herum. Das tat aber unserer Freundschaft keinen Abbruch.

Etwas abseits vom Hof war der Ententeich. Wir takelten zwei Waschtröge auf und führten einen Kampf gegen einen imaginären Feind. Wir konstruierten Katapulte und Schleudern und eroberten das Wasserschloß. Zur Abwechslung lieferten wir uns gegenseitig eine Seeschlacht, wobei meist beide Waschtröge kenterten und die beiden Helden auf dem verschlammten Grund nach dem rettenden Ufer strebten.

Das Leben auf dem Bauernhof brachte es mit sich, daß man an allen Ereignissen, Arbeiten und Handhabungen mit ganzer Seele teilhatte. Ich lernte die Fruchtfolgen kennen, das Pflügen, Eggen, Säen und Ernten, ich verfolgte das Wachsen und Reifen der verschiedenen Getreidearten, die Gründüngung und das Misten, und wenn es ans Dreschen kam, stellte ich meinen Mann auf der Tenne mit dem Dreschflegel. Ich hatte mir eine solche Fertigkeit darin erworben, daß ich unter den Erwachsenen im Team eingeordnet werden konnte. Es kam sehr darauf an, den Rhythmus einzuhalten. Es wurde meist im Dreivierteltakt gedroschen, manchmal aber auch im Viervierteltakt. Oft trug ich die „Jause"* aufs Feld, und wenn ich dann zur Belohnung ein Stück Schwarzbrot mit Räucherspeck bekam, schmeckte das so gut wie sonst nichts auf der Welt.

---

* Brotzeit

In dieser Zeit regte sich in mir die Sehnsucht nach den Weiten der Welt. Wenn ich im Grase lag und in den sonnendurchleuchteten Sommer-Himmel in seiner unendlichen Bläue guckte, dann spürte ich geradezu schmerzhaft die Anziehungskraft des Umkreises. In solchen Stimmungen lief ich oft stundenlang zur nächsten Bahnlinie, um den Orient-Expreß vorbeibrausen zu sehen. Er kam vom Osten – Athen, Konstantinopel – und lief nach dem Westen – Paris, Ostende, Calais – für mich eine unfaßliche Weite! Der Orient-Expreß war damals ein Versuch, der eben erst gestartet worden war, und alle Welt sprach davon. Ich war davon fasziniert.

Nicht nur die langen, vierachsigen Schlafwagen und Speisewagen hatten es mir angetan, sondern vor allem die mächtige Lokomotive wurde in der nächsten Zeit geradezu mein Hobby. Ich konnte stundenlang an den Bahnübergängen stehen und die vorbeifahrenden Lokomotiven anstaunen. Auch fing ich an, sie zu studieren und kannte allmählich alle Typen und auch alle Linien, wo sie verkehrten. Sie wurden auch alle fein säuberlich gezeichnet – mit Schubstangen, Rädern und allen Einzelheiten – und in meiner Zeitschrift niedergelegt. Damals formte sich in mir der Wunsch, Bahnwärter zu werden.

Mein Vater hatte in seinem Betrieb ein Ungetüm von Maschine mit einem riesigen Schwungrad, an dessen Nabe ein breiter Treibriemen zur Transmission führte, von der die einzelnen Schleifspindeln betrieben wurden. Etwa einmal im Jahr streikte das Ungeheuer und dann wurde es zerlegt und bis in seine tiefsten Eingeweide untersucht. Ich durfte in Abstand dabei sein und kannte bald aus den Gesprächen der Fachleute den Unterschied zwischen Viertakt- und Zweitaktmotor. Der Meister in meines Vaters Betrieb beschäftigte sich in seiner Freizeit damit, die Maschine in Miniatur nachzubasteln. Auch da saß ich dabei, und im Zuschauen wurde der technische Instinkt in mir angefacht.

Als ich zehn Jahre alt war, glaubten meine Eltern, mich einem technischen Beruf zuführen zu sollen und meldeten mich zur Aufnahmeprüfung im Realgymnasium an. In meinem kindlichen Gemüt nahm ich die Sache nicht sehr ernst. Mit Gelassenheit bearbeitete ich die Aufgaben, die bei der schriftlichen Prüfung gestellt wurden. Am nächsten Tag wurde das Gros der Aufnahmesuchenden zur mündlichen Prüfung aufgerufen. Da ich nicht dabei war, nahm ich fast mit Erleichterung an, daß man nicht mehr auf mich reflektierte. Mit Staunen nahm ich daher am nächsten Tag am Anschlagbrett wahr, daß ich unter den Aufgenommenen figurierte.

Nun sollte der Ernst des Lebens beginnen, aber ich war doch noch ein rechtes Kind.

Meine Mutter besuchte von Zeit zu Zeit eine Freundin, die einen Papierladen hatte. Es versammelte sich da eine kleine Gesellschaft zum Abendessen, und ich durfte mitgehen. Mir gefiel das sehr, denn ich durfte dann immer im Papierladen herumkramen, wobei ich Ausziehbilder, Schnittmuster für Häuser, Brücken und dergleichen fand, die ich dann auch mitnehmen durfte. So war es auch diesmal. Ich hatte schon einen ansehnlichen Stoß von interessanten Kartons zurecht gelegt, als ich seitwärts eine Lade öffnete und darin etwas fand, das wie ein Revolver aussah. Ich dachte, es sei ein Spielzeug, wendete und betrachtete das Ding voll Neugierde, den Finger am Abzug. Ich guckte vorne in die Mündung des Laufes – immer den Finger am Abzug. Da hörte ich hinter mir eine Stimme meinen Namen rufen, ich drehte mich um – in diesem Augenblick ging der Schuß los. Die Kugel steckte über mir im Türstock. Wer meinen Namen gerufen hat? Niemand weiß es. Ich aber dachte „der Himmelvater spricht“.

Zuhause war ich in Erwartung der Prügel, die ich nach

eigenem Ermessen auch verdient hatte. Ich wartete am nächsten Tag und dann am übernächsten – aber nichts geschah. Ich dachte mit Hochachtung an meine Mutter, die wohl dem Vater gar nichts erzählt haben könnte. Es vergingen Wochen, und nichts ereignete sich. Es war Sommerbeginn, und wir übersiedelten in die Sommerfrische. Dort war es Usus, daß ich am Sonntagmorgen mit meinem Vater in den Wald ging zum „Schwammerlsuchen" (Pilze suchen). So auch diesmal. Wir fanden Herrenpilze in unabsehbaren Mengen. Dann aber lenkte mein Vater seine Schritte zu einem Steinbruch, entfaltete ein weißes Papier mit einem schwarzen Fleck im Zentrum und mit schwarzen Kreisen herum, heftete das Papier an eine Tanne und zog ein Ding aus der Tasche, das demjenigen im Papierladen ganz ähnlich war. Er erklärte mir den Mechanismus und die Handhabung, er zeigte mir auch den Waffenpaß, den jeder haben müsse, der im Besitz einer Schußwaffe sei. Dann schossen wir abwechselnd auf die Schießscheibe. Ich muß mehrmals ins Schwarze getroffen haben, denn ich erntete manches Lob. Dann kam mein Vater auf die Ereignisse im Papierladen zu sprechen und meinte, es täte ihm leid – aber er müsse den Ernst der Sache durch eine Ohrfeige unterstreichen – und er verpaßte mir eine gehörige. Ich hätte am liebsten die Hand geküßt, die mich eben geschlagen hatte. Ich war überaus glücklich, daß der Schuldknoten sich auf diese Weise gelöst hatte. Wir gingen dann einträchtig nach Hause zum sonntäglichen Mittagsmahl.

Die Schule konnte mich nicht zu einer regeren Anteilnahme am Unterricht bewegen. Mein Interesse konzentrierte sich viel mehr auf Jules Verne und Karl May, die ich unter der Bank las. Auch die Parcivalsage berührte mich tief, und ich las sie während des Unterrichts. Es wundert mich heute noch, daß ich dabei niemals erwischt wurde.

Das Auswendiglernen machte mir besondere Beschwerden. Einmal hatten wir über die Osterferien ein Gedicht zu lernen. Es war „Johann der muntere Seifensieder“ von Hagedorn. Den Inhalt mochte ich gern, und ich bemühte mich redlich, auch das Versmaß zu behalten, und dachte bei Schulbeginn, es ginge. Zu Anfang der Stunde rekapitulierte ich aber nochmals unter der Bank – und diesmal wurde ich erwischt. Ich mußte hinaus an die Tafel und sollte das Gedicht rezitieren. „Johann der muntere Seifensieder“ – fing ich an, dann stockte ich. „Johann der muntere Seifensieder …“ setzte ich nochmals an – aber die Vision des Seifensieders war wie weggewischt. Ich wurde mit der Note „ganz ungenügend“ in die Bank zurückgeschickt, und weil ich behauptete, das Gedicht in den Ferien fast Tag und Nacht gelernt zu haben, wurde ich obendrein wegen „Lügens“ ins Klassenbuch eingetragen.

Bald darauf bekamen wir als Hausaufgabe eine Übersetzung. Ich mühte mich ehrlich und fleißig mit dieser Arbeit ab. Doch bei der Besprechung stellte sich heraus, daß ich irrtümlich einen falschen Abschnitt übersetzt hatte. Ich bekam wieder ein „ganz ungenügend“ und wurde ins Klassenbuch eingetragen wegen „Betruges“.

Nicht lange hernach traf ich meinen „Professor“ – diesen Titel tragen in Österreich alle Lehrer der Oberschulen – auf der Straße am Schulweg. Ich trug links ein eben erworbenes schweres Reißbrett in Anbetracht der in den Lehrplan eingeführten „Darstellenden Geometrie“, und rechts schleppte ich einen Packen Schulbücher. Ich hatte also keine Hand frei, um den Hut zu ziehen; ich sagte daher fröhlich: „Guten Tag, Herr Professor!“ Er aber schnauzte mich an: „Der Studentengruß ist stumm!“ Und er schrieb mich ins Klassenbuch ein wegen „Frechheit“. Lüge, Betrug, Frechheit! Das schlug dem Faß den moralischen Boden aus. Mein Vater wurde zum Direktor gerufen, und es ging damals auf Spitz und Knopf, ob ich würdig sei, in die nächste Klasse aufzusteigen. Ich spürte, mein Vater stand auf meiner Seite, und das gab mir Kraft, das Unrecht zu verdauen. Es konnte mich *nichts* so sehr aufbringen wie Ungerechtigkeit – ob sie mich oder andere traf. So kostete es mich ein schweres Ringen, den Groll gegen die Schule abzubauen. Ich sah schließlich einen Gerechtigkeits-Ausgleich darin, daß ich die erlittene Unbill akzeptierte zur Sühne für Vergehen, bei denen ich nicht erwischt worden war.

Inzwischen war ich vierzehn Jahre alt geworden, und als ich mich nach den Sommerferien in der nächsten Klasse einfand, fühlte ich mich wie verwandelt. Wir hatten jetzt in den oberen Klassen auch andere Lehrer, und was sie sagten, fand ich äußerst interessant; Mathematik, Geometrie, Physik lernte ich nunmehr mit wahrer Begeisterung. Auch die Sprachen, ja sogar die Grammatik, waren plötzlich interessant geworden. Ich empfand es wie ein Wunder und dünkte mich reich. Später erfuhr ich durch Rudolf Steiner, daß um diese Zeit die Persönlichkeitskräfte in der Seele erwachen. Bei mir war es ein geradezu plötzliches Erwachen, wie ich auch beim morgendlichen Aufwachen immer sogleich da war und rasch aus dem Bette sprang. So kündete sich ein neuer Abschnitt in meinem Leben an.

LEHRJAHRE

Die Schule bot mir ein reiches Feld des Wissens. Gedanken, neue Ideen und Ideale keimten auf, künstlerische Impulse regten zu Tätigkeiten an, und ich wurde vor Entscheidungen gestellt, die ich in eigener Verantwortung treffen mußte.

In der Mathematik fühlte ich mich besonders von der sphärischen Trigonometrie angesprochen. Es war herrlich, einen Punkt im Weltall anzuvisieren und von da aus den Raum zu ordnen. Darüber hinaus aber stellte sich mir im Studium der Kegelschnitte der Begriff der Unendlichkeit so dar, daß ich mich dagegen sträubte anzuerkennen, daß die Unendlichkeit unerreichbar sei. Die Hyperbel, diese wunderbare Kurve, zeigte doch, wie einer ihrer Äste in der Unendlichkeit verschwindet und als ihr anderer Ast wieder sichtbar zurückkommt. Dazwischen liegt ein Gebiet des Unsichtbaren, Unhörbaren, vielleicht für unser Denken Unerreichbaren. Aber ich fühlte, daß es einen Weg geben müsse, das Bewußtsein so zu weiten, daß man wenigstens ahnungsweise das Wesen der Unendlichkeit zu erfassen in der Lage wäre. Ich mühte mich, ich übte, ich identifizierte mich mit der Hyperbel und hatte wieder Mühe, bei mir selbst zu bleiben. Da half mir ein künstlerisches Erlebnis. Ich hörte erstmalig während einer Bruckner-Symphonie etwas Eigenartiges. Es fielen mir die vielen und langen Pausen auf, und als ich aufmerksam hinlauschte, schienen sie mir von einer wunderbaren Musik erfüllt – etwa wie der Nachklang oder Vorklang der hörbaren Musik, und ich stellte mir vor, daß Plato so etwas gemeint haben könnte, wenn er von

Das Hyperbel-Motiv in Rudolf Hauschkas Leben
(Zeichnung: Heidi Künstner, 1997)

Sphärenharmonien sprach. Die Brucknersche Musik schien sich mir von der Hörbarkeit in die Sphären der Unendlichkeit zu erheben, dort für Augenblicke zu verweilen und dann wieder zur irdischen hörbaren Musik zurückzukehren.

So festigte sich in mir die Überzeugung, daß es über der Welt, die wir mit den Sinnesorganen wahrnehmen, eine höhere Welt gibt, zu der wir den Zugang in der Zukunft werden suchen müssen.

Meine Hoffnung, daß das Rechnen mit imaginären Zahlen einen Schritt in dieser Richtung ermöglichen würde, erfüllte sich nicht. Von der „synthetischen Geometrie", die wirklich in neuerer Zeit einen Zugang zu den Gesetzen von Raum und Gegenraum öffnet, wußte ich damals noch nichts.

Auf der anderen Seite erlebte ich die diesseitige Formenfreude in der „Darstellenden Geometrie". Die Konstruktion geometrischer Gebilde und deren Darstellung in mehreren Projektionen, die Durchdringung der Körper und ihre Präsentation mit Selbstschatten und exakt ermittelten Schlagschatten aufeinander, ließ die Erscheinungen der irdischen Welt in plastischen, greifbaren Formen erstehen.

Einen Ausgleich zwischen Beidem fand ich im „Freihandzeichnen", das im Lehrplan der Schule einen breiten Raum einnahm. Wir hatten einen wirklichen Künstler als Lehrer. Er brachte uns das flächige Malen bei und lehrte die Farbenperspektive nach Goethe. Den Fortgeschrittenen machte er in vorsichtigen Formulierungen Andeutungen darüber, was Kunst eigentlich bedeutet, daß sie nicht nur ein Kopieren des Sichtbaren sei, sondern ein Fortführen des Natürlichen ins Übernatürliche. Ich freute mich immer schon sehr auf die zweimal zwei Wochenstunden Malen; und in der Aula der Schule hingen in den nächsten Jahren sogar einige Malereien von mir.

In der Literaturgeschichte verweilten wir lange Zeit bei Lessing. Laokoon, die Hamburgische Dramaturgie und die Erziehung des Menschengeschlechts wurden eingehend studiert und diskutiert. Ich liebte die Prägnanz und die Logik der Formulierungen.

Einmal hatten wir einen Schulaufsatz zu schreiben über das Thema „Edel sei der Mensch, hilfreich und gut!" Ich wendete mich in dieser Arbeit mit Vehemenz gegen die „geistige Lohnknechtschaft"; ich meinte damit den Dogmatismus, den ich für alle Heuchelei in der Welt verantwortlich machte. Das Gute zu tun mit einem Schielen auf ein besseres Jenseits, sei wohl nicht das, was der Dichter meine. Das Gute zu lieben, das Gute um seiner selbst willen zu tun und das Böse zu verstehen, sei wohl die Quintessenz einer moralischen Grundhaltung.

In der Besprechung entspann sich eine heftige Diskussion, in deren Verlauf die soziale Frage zur Sprache kam. Dabei vertrat ich die Idee, daß der Erdplanet der Schauplatz der menschlichen Entwicklung sei und daß man naturnotwendig diese Erde pflegen und um des Menschheitsfortschrittes willen auch weiter entwickeln müsse. Das sei Arbeit. Arbeit sei ein Lebenselement, das wir brauchen, wie die Luft zum Atmen. So wie das Gute um des Guten willen getan werden müsse, so die Arbeit um der Arbeit willen. Der Marxismus gehe an den Kernpunkten der sozialen Frage vorbei. Im Grunde genommen gehe es nicht um höhere Löhne, sondern um das Bewußtsein der Menschenwürde in der gemeinsamen Arbeit am Ganzen.

Diese Rede, zusammen mit dem Aufsatz, begründete meinen Ruf an der Schule.

Ein andermal hatten wir das Thema zu bearbeiten: „Das Beste was wir von der Geschichte haben, ist der Enthusiasmus, den sie erregt."

Ich beschrieb einen Abendspaziergang durch die Altstadt Wiens – über die alte Hofburg, den Kohlmarkt, den Graben, am Stephansdom vorbei durch die Wollzeile und die alten engen Gassen zur „Stubenbastei". An dieser Bastei müssen die Türken bei der Belagerung Wiens mehrmals vergeblich angerannt sein, bis sie durch die Entsatzheere endgültig vertrieben wurden. Das Problem Ost-West im Zusammenhang mit dem Bewußtseinswandel der Zeiten stellte ich als Frage in diesem Bild hin und ließ dann die Abendwanderung in einem Wiener Café beenden, wobei ich bei einem Glas Kaffee (in Wien trinkt man Kaffee nicht aus Tassen sondern aus hohen gestielten Gläsern) des guten Mannes Kolschitzky gedachte, dem wir diesen Genuß verdanken. Dieser Kolschitzky nämlich stellte auf Schleichwegen den Kontakt des belagerten Wien mit den Entsatzheeren her. Als die Türken besiegt waren, ließen sie fluchtartig ihr ganzes Lager im Stich, in welchem Hunderte von Säcken Kaffee gefunden wurden; mit diesen vermochten die Sieger nichts anzufangen; und so kam es, daß der gute Kolschitzky die Säcke Kaffee, die er sich als Belohnung auserbeten hatte, auch wirklich bekam. Damit errichtete er das erste Wiener Kaffeehaus. Dieser Aufsatz brachte mir den Beinamen „Der Dichter" ein.

Ich war in meiner Klasse der jüngste, und meine älteren Klassenkameraden hatten alle schon eine „Flamme". Nicht, daß ich auch eine Flamme haben wollte – aber das Phänomen interessierte mich. So fragte ich einen der Kameraden, wie man das mache, so eine Flamme zu gewinnen. Der antwortete: „Dös is ganz einfach. Da gehst in den Volksgarten und laßt die Madln vorbeispazieren; und wenn Dir eine gfallt, dann gehst hin zu ihr und fragst: Fräulein, wolln's a Gulasch?" Ich hatte es nicht nötig, das Rezept auszuprobieren, denn ich hatte bereits eine heimliche Freundin – meine spätere Frau. Sie studierte im Lehrerinnenseminar, und wir begegneten einander in unseren geistigen Interessen. Sie war eine liebe Gefährtin durch meine Lehr- und Wanderjahre. Die Erfüllung erlebte sie nicht.

In diesen Jahren sollte ich konfirmiert werden. Es ist dieser späte Termin in Österreich üblich. Der Konfirmationsunterricht konnte mich nicht befriedigen. Nicht, daß ich religiösen Gefühlen abgeneigt gewesen wäre – aber ich glaubte, ersticken zu müssen in der Enge der Glaubenssätze. Je näher das Datum des Konfirmations-Sonntags heranrückte, desto größer wurde mein Widerstand gegen eine konfessionelle Bindung. Ich geriet in einen furchtbaren Zwiespalt. Meine Mutter war sehr fromm, und ich wußte, daß sie mit ihrer ganzen Seele diesem Tag entgegenlebte, und daß ich ihr eine tiefe Kränkung zufügen würde, wenn ich von der Konfirmation zurückträte. Trotzdem beschloß ich, es zu tun. Am Vorabend ging ich zu meinem Pfarrer und schüttete ihm mein Herz aus. Der war ein weiser Mann – es war der Pfarrer Stöckl der evangelischen Gemeinde Wien I – er hörte mich gütig an und meinte dann, kein Mensch könne mich zwingen, ein Bekenntnis abzulegen, zu dem ich nicht aus vollem Herzen „Ja" sagen würde. Aber bevor ich mich mit einem endgültigen Entschluß festlegen würde, sollte ich doch vorher noch das Buch lesen, das er mir in die Hand drückte. Es war „Mein Himmelreich" von Peter Rosegger, dem Dichter der Waldheimat, den ich liebte.

Ich las bis tief in die Nacht, und da las ich die folgenden Zeilen:

> „Der erste Tag! Der erste Tag eines neuen Seins. Auferstehung des Fleisches, sagt die Religion. Verwandlung der Substanz sagen die Naturforscher. – Wenn im Herbste die Blätter fallen, so will man das für ein Beispiel der Vergänglichkeit deuten.
> Ein schlechtes Beispiel, denn nach wenigen Monaten wachsen auf dem Baum junge Blätter und es wird ein neuer Frühling, der ganz so ist, wie die früheren waren. Nach hundert Frühlingen und Herbsten fällt endlich der Baum zusammen,

doch aus seinem modrigen Stocke sprießen junge Stämme frisch empor und ihrer Reihe von Frühlingen entgegen. Und der Mensch sinkt als Vater zu Grabe und steht als Kind wieder auf.

Alles ist dem Tode verfallen, man kann es sagen – aber auch: Alles ist zum Leben bestimmt. Denn soviel wir täglich sterben sehen, so viel sehen wir geboren werden. Und wenn einst der Erdball alt und kraftlos sein wird, so wird er bloß ein wenig rasten, dann sich verwandeln und im Kosmos Mitkraft und Mitstoff für ein neues Dasein finden.

Die Wiederbelebung und Auferstehung der Substanz kann von niemandem geleugnet werden. Ich glaube aber auch dreist an die Auferstehung des Individuums. Sei es, daß der Vater im Sohne lebt, sei es, daß die scheinbar vergehende Persönlichkeit durch ein anderes Geheimnis das Bewußtsein ihrer selbst findet – ich glaube, daß dieses Bewußtsein des Ich vielleicht unterbrochen werden kann, daß es aber *unzerstörbar* ist.

Und wenn das Ich auch nur seine jeweilige Gegenwart weiß, sich aber nicht erinnern kann an Vergangenheiten, so glaube ich doch, daß von einem „Leben" zum andern Ursachen und Wirkungen verbindend fortbestehen, die das Ich-Bewußtsein erhalten und bestimmen. Und so möchte es ja wohl sein, daß die Person in einem späteren Leben die Folgen eines früheren empfindet und zu tragen hat.

Vervollkommnet sich ein Mensch in diesem Leben, so tritt er eben vollkommener in ein nächstes über; erniedrigt er sich hier, so wird er dort als niedrige Art wieder geboren. Dieser Glaube dürfte recht sehr verstimmend wirken bei niederträchtigen Kreaturen, ist aber wunderbar tröstend für den, der sich bestrebt, reiner und besser zu werden, denn er geht einem großen Leben entgegen – er nähert sich Gott. – Und auf diesem Wege zu Gott, die lebende, blühende, webende

Natur, unendliche Rosen streuend auf den Leidenspfad, auf den Siegeszug. Und ein *ewiges* Leben – Juchhe!

Aber Freund, höre ich zu mir sagen, denke doch an den ewigen Juden. Der Menschheit ganzer Fluch ist verkörpert in dem Mann, der nicht sterben kann!

Nicht sterben können, die furchtbare Kette endloser Unheilserinnerungen im müden Leibe durch das verlorene Erdenleben schleppen müssen und nicht sterben können,das wäre freilich Verdammnis. Aber sterben können und doch wieder auferstehen, durch den Tod vergangene Epochen erlösen können und mit jedem jungen Leben höher steigen, seliger werden, das ist unser göttliches Los!

Und Du, mein Bruder, bist so müde, und willst auf ewig schlafen gehen und nichts wissen von Unsterblichkeit! Schau, das solltest Du nicht wollen. Lege Deinen Leib nur hin und raste Dich nur erst einmal aus, dann wirst Du schon wieder Mut haben zu einem neuen Fluge. Ich sehe es ja wohl, du hast viel gelitten und bist wund und krank; so freue dich dessen, daß bald Feierabend kommt, und morgen ist unter der leuchtenden Sonne ein neuer Tag und morgen ein neuer Mensch mit jungem glücksdurstigem Herzen.

Du sagst, du könntest dir nicht denken, daß du sein wirst. Ich kann es mir nicht denken, daß du nicht sein wirst. Denn du bist. Du bist und das ist der beste Beweis dafür, daß du warst und sein wirst. Es wäre ja so ungereimt zu denken, daß du zwischen einer ewigen Vergangenheit und einer ewigen Zukunft nur heute solltest ein bißchen auferstanden sein; früher nicht gewesen, in Zukunft nicht sein – gerade jetzt die paar Jahre? Ja – wieso denn?

Aus dem Meere der Ewigkeit just nur einen Augenblick auftauchen und Mücken schnappen und keine weitere Bestimmung und Aufgabe – da könnte einer freilich in der Eile dieses ganz zufälligen Lebens Schabernack treiben, um dann ohne Verantwortlichkeit für immer zu verschwinden. Ein keckes Spiel mit sich und anderen um alles und nichts könnte er da wagen und sich nach Lust blähen oder zerstören, je ungeheuerlicher, je possierlicher. Das ist aber nicht. Tötet er sich, so lebt er immer wieder auf, und je frevelhafter er es treibt, je tiefer lebt er sich in ein Elend der Zukunft hinein.

Mache Dich gut, denn du wirst sein. Du kannst nicht flüchten, und der Tod, in den du etwa deinen schlechten Adam verstecken wolltest, ist nur ein Versteck für kurze Zeit; gar bald speit er dich wieder aus, gibt er dich wieder zurück deiner Aufgabe, göttlich groß zu werden. Du entgehst nicht und wirst so lange störrisch leiden, bis du zur Erkenntnis kommst, und dann wirst du so lange ringen, bis du es erreicht hast ..."

Das war frische Luft! Das war Erleuchtung! Das war Erlösung!

Ich erinnerte mich, ähnliches bei Lessing gelesen – leider darüber hinweg gelesen – zu haben. Jetzt aber, in dem Seelenaufruhr, in dem ich mich befand, schlug die Idee ein. Die einfache und klare Sprache Peter Roseggers weckte in mir das, was als Ahnung längst in mir geschlummert hatte. Die Hyperbel erstand wieder vor mir: Die Unendlichkeit zwischen den beiden Ästen ist wohl der mathematische Ausdruck für das Dasein zwischen Tod und einer neuen Geburt – da ist der Mensch bei Gott – da sind wir Genossen der Sphärenharmonie und des Weltenlebens – da werden wir umgegossen für ein neues Erdenleben. Die Brucknersche Musik aber läßt uns das ahnen und erleben.

Unter solchen Gedanken, Fragen und Empfindungen ließ ich am nächsten Morgen die Konfirmation über mich ergehen. Insgeheim dachte ich wieder einmal: Der Himmelvater spricht.

Ich hatte seit meinem zehnten Lebensjahr Klavierunterricht gehabt. Zwar war ich nicht sehr fleißig gewesen im Üben, hatte mir aber doch eine Fertigkeit angeeignet, daß ich Chopin, Schubert, Schumann und Grieg vom Blatt spielen konnte. Ich bevorzugte die Romantiker. An jenem Konfirmationssonntag zog ich mich wiederum zurück zur Musik.

Meine ganze helle Begeisterung aber entbrannte für Richard Wagners Kunst. Wie er aus der nordischen Mythologie Welten-Wahrheiten zur künstlerischen Darstellung brachte, künstlerisch in Wort und Klang und Szenerie, empfand ich als Offenbarung. Ein Genie sowohl als Dichter wie auch als Musiker und Bühnenbildner! Welches Thema er auch gestaltete, immer sind es tiefe Seelenprobleme der Menschheitsevolution. Durch Mitleid wissend – das erachtete ich als die Kernfrage unserer Zeit. So wie sie im Parsifal dramatisch dargestellt ist, muß sie missionierend wirken im Menschheitsfortschritt. Der Karfreitagszauber, ein kosmisch-irdisches Mysterium: „Du weinest – sieh! es lacht die Aue"; das habe ich erst in späteren Jahren verstanden; aber allein schon die Musik ergriff mich bis in die tiefsten Seelenschichten.

Ich konnte damals – trotz des nahenden Abiturs (in Österreich Matura genannt) – viel ins Theater gehen und erlebte an der Oper Leo Slezak, Lehmann, Bahr-Mildenburg und als Dirigenten Gustav Mahler. Im Burgtheater spielten die Größen Josef Kainz, Gregori, Hedwig Bleibtreu die Hauptrollen der klassischen und zeitgenössischen Dichter. Man konnte als Student im Stehparterre die Perlen der klassischen Literatur billig und in großartiger Besetzung aufnehmen. Das tat ich denn auch ausgiebig.

In der Schule tat sich ein weiteres Neuland auf – die Chemie. Besonders im Laboratorium, im chemischen Praktikum, erwuchs mir ein persönliches Verhältnis zu den Stoffen.

Goethes Wahlverwandtschaften belebten sich unter meinen Händen. Ich erlebte die Stoffe wie Intelligenzen, die zu beobachten ich mich mit Ehrfurcht näherte. Aber bald wurden sie mir vertraut. Ich fühlte mich in einem Märchenland, wo Trolle, Kobolde, Gnomen, Elfen und Nixen hinter der Stoffeswelt hantierten und sich im Stoffesgeschehen offenbarten. Ich hatte natürlich meine Lieblinge. Einer meiner Lieblinge war das Antimon. Es benahm sich wie ein kindliches Metall: Wie es im geschmolzenen Zustand als kleine Kügelchen auf einer ebenen Unterlage in parabolischen Figuren ausgelassen umherraste und dann wie eingerollt sich einen weißen Pelz aus Kristallnadeln umlegte – dann in Lösungen zwischen Base und Säure pendelnd, mit Schwefelwasserstoff diesen wunderbaren goldfarbenen Niederschlag fallen ließ – dann wieder, wie im Brechweinstein, sich zwischen den großen erwachsenen Elementen versteckend – schließlich, auf einer Elektrode niedergeschlagen, explodierte: wie ein unartiges Kind, das kratzt und beißt, wenn man es an die Hand nehmen will.

Dies sei hier nur erzählt, um zu zeigen, wie stark in dieser Zeit noch das Erkenntnisleben mit dem ganzen fühlenden, phantasiebegabten Menschen zusammenhing. Es war noch nicht zur nüchternen Abstraktion erkaltet. Man hat dadurch ein vertrauteres, ruhigeres Verhältnis zum eigenen Wissen und Können. Diese Tatsache samt einem mehr gelassenen Naturell, ermöglichte es mir, der hektischen Betriebsamkeit vor dem Abitur überall entgegenzuarbeiten, und das Resultat gab mir Recht.

Ich half natürlich auch, wo ich konnte, durch Klärung von Begriffen und Lösung von Aufgaben, wo immer an mich appelliert wurde – und das war sehr häufig der Fall. Selbst aber hatte ich es leicht, denn ich war in fast allen Fächern von der mündlichen Prüfung befreit.

Als Aufsatzthema hatten wir: „Natur und Kultur als treibende Kräfte im Menschenleben". Das war natürlich Wasser auf meine Mühle und ich schrieb mir meine Ideen von der Menschheitsaufgabe vom Herzen.

Die ganze Klasse ging – ohne Ausnahme – durch die Matura hindurch. Das war ein Unikum in der Schulgeschichte und mußte mit Lehrern und Kameraden auf einem Bankett bei Meisel & Schaden, dem vornehmsten Wiener Hotelrestaurant, gebührend gefeiert werden. Damals war es das erstemal, daß ich durch meine Alkohol-Abstinenz Anstoß erregte und, herausgefordert, eine Rede gegen die Trinkgewohnheiten hielt. Ich saß in der Korona zwischen den Zechern mit einem Glas Limonade. Soviel ich mich erinnere, hatte ich mit meiner Rede nicht viel Erfolg. Die Atmosphäre wurde immer undurchsichtiger und eine Traurigkeit überkam mich, in der ein gut Teil Abschiedsweh mitwirkte. Das Allerschönste der ganzen Schulzeit war doch die Klassen-Gemeinschaft. Man erlebte die Not und die Anstrengung des anderen, man stand für einander ein, man kam sich menschlich nahe, und das erzeugte Humor. Auch das Band zu den Lehrern knüpfte sich fester – Vertrauen und eine Art scheuer Kameradschaft hatten sich entwickelt. Jetzt – unter dem Einfluß des Alkohols schien das alles derber zu werden; der Blütenduft der gegenseitigen Beziehungen entschwand. Wenn wir nun morgen, in alle Winde zerstreut, unseren weiteren Schicksalsweg suchen, jeder für sich, jeder allein – warum mußte dieses letzte Beisammensein durch Bier und Wein und Schnaps getrübt werden?

Ich bekam nach der Matura eine Italienreise geschenkt. Ich wäre lieber nordwärts gezogen nach Skandinavien, Schottland, Irland. In Italien fühlte ich mich fremd. Ich war erst wieder glücklich, als ich den Karawanken-Tunnel hinter mir hatte und im Drautal anlangte.

Auf der Hochschule fand ich mich bald zurecht. Ich hatte mich für das Studium der Naturwissenschaften entschieden und belegte vor allem die chemischen Fächer. Mit großem Interesse hörte ich Anorganische Chemie, Organische Chemie, Analytische Chemie, Theoretische Chemie und chemische Technologie. Besonders die Organische Chemie erregte meine begeisterte Teilnahme. Die Chemie des Kohlenstoffes mit seiner strukturbildenden Kraft war faszinierend. Was steckt wohl hinter dem Kohlenstoff für ein Weltengeheimnis, daß er es fertigbringt, in millionenfacher Abwandlung immer neue Stoffe bilden zu können, während die übrigen Elemente, Metalle und Erden zusammen genommen, nur an die … zigtausend Verbindungen zustandebringen? Die gesamte belebte Natur ist aufgebaut auf der Formkraft des Kohlenstoffes. Die Strukturchemie sagt aus, daß das Kohlenstoffatom sich selber binden könne. Mir schien das wie eine Art Ich-Kraft zu sein. Kekulé, der auf dem Dach eines Londoner Omnibusses von dem Reigen der Kohlenstoffatome träumte, schuf damit in der von ihm begründeten Strukturchemie die Grundlagen des technischen Fortschritts. Für mich war es ein Erklärungsversuch, und die Realität schien mir viel weitreichender zu sein.

Damals stellte sich mir zum erstenmal die Frage vor die Seele, ob denn die Unzahl synthetischer Stoffe, die aus den Fraktionen des Steinkohlenteers hergestellt werden, die Naturstoffe ersetzen könnten. Wenn sie auch oft chemisch identisch erscheinen, so hegte ich doch viele Zweifel, daß sie in höherer Sicht auch wirklich identisch sind. Die Tatsache, daß synthetische Heilmittel und synthetische Konservierungsmittel in zunehmendem Maße in die tägliche Praxis Eingang finden, veranlaßte mich immer mehr, mich der medizinischen Seite der Chemie zuzuwenden. Ich hörte

Physiologische Chemie, Pharmakologie, Agrikulturchemie, später auch Anatomie und Psychiatrie.

Mein Lieblingsfach war die Farbenchemie. Wenn auch hier der Gegensatz zwischen Naturfarben und synthetischen Farben klaffte – ich studierte besonders den natürlichen indischen Indigo und den künstlichen synthetischen nebeneinander – so war doch in beiden die Rolle des Sauerstoffes bei der Sichtbarwerdung der Farbe so geheimnisvoll, daß ich mich dabei an die Hyperbel erinnerte. Besonders bei den Küpenfarbstoffen ist das Wesen des Sauerstoffes eklatant. Die „Leukoverbindung" ist farblos, und erst, wenn das damit getränkte Gewebe durchlüftet wird, erscheint die Farbe. Der Sauerstoff erscheint als der „Inkarnationsstoff". Das Neugeborene wird mit dem ersten Atemzug zum Erdenbürger, und der Sauerstoff begleitet es bis zum Tode. So bringt der Sauerstoff die Farbe in die Sichtbarkeit und erhält sie darin, bis der Antipode in Form von Wasserstoff die Reduktion einleitet. Das wird technisch in der „Kattunfärberei" angewendet, wo reduzierende Pasten auf den gefärbten Stoffen aufgedruckt werden. Die bedruckten Stellen erscheinen dann weiß.

Der Wasserstoff hingegen war derjenige, der alles aus der irdischen Erscheinung in die Unendlichkeit des Wesens führt. Er erschien mir als der Träger des Wesenhaften, das unmittelbar an die sinnliche Erscheinungswelt angrenzt. Wenn im Herbst die Blätter fallen – so sagt Goethe – dann löst sich das Wesen von der Erscheinung. Die Pflanzenrückstände „verwesen". Wenn im Frühling die jungen Blätter sprießen, tritt das Wesen wieder in die Erscheinung. Wie ersteres durch den Wasserstoff, wird letzteres durch den Sauerstoff begleitet.

So großartig und anregend das Studium für mich war, so stumpfsinnig und widerlich empfand ich das studentische Leben der farbentragenden Verbindungen. Es waren vor allem die studentischen Trinksitten, die mich mit Zorn erfüllten, denn ich hatte erlebt, wie das Trinken, selbst das mäßige Trinken, in ein dahindämmerndes Spießbürgertum einmündet. Es regte sich in mir ein flammender Protest und der Entschluß, das studentische Leben zu reformieren.

Wir fanden uns zu einer Gruppe von Gesinnungsfreunden zusammen und gründeten die „Deutsch-Akademische Gemeinschaft", eine Studentenverbindung, die nicht soff, die nicht schlug und die keine Farben trug. Dafür aber pflegten wir Ausdruckskultur, wie sie damals von Avenarius und dem „Kunstwart" vertreten wurde. In unseren wöchentlich stattfindenden Zusammenkünften veranstalteten wir Dichterabende oder Kammermusikabende, oft auch Diskussionsabende über aktuelle Themen wie Bodenreform – damals von Damaschke vertreten – oder Volkshygiene – damals vertreten durch Prof. Gruber und Prof. Weichselbaum.

Vor allem aber stand der Kampf gegen den Alkohol auf unserem Banner. Wir konstituierten uns als akademische „Guttemplergruppe", d. h. wir forderten von unseren Mitgliedern das totale Abstinenzversprechen. Es war dies nötig, wollten wir gegen die herrschenden Trinksitten Boden gewinnen. Wir betrieben auch Trinkerrettung – wie es einer Guttemplergruppe zukam. Wir sammelten Trinker, auch bis dato unheilbare Trinker, und betreuten sie durch kulturelle Nahrung, Kunst und Wissen. Wir machten gemeinsame Wanderungen, Sport (Schwimmen und Rudern in den Donauauen) und diskutierten mit ihnen aktuelle Tagesfragen. Um unsere Deutsch-Akademische-Gemeinschaft hatte sich bald ein Umkreis gebildet, der mit uns durch dick und dünn ging. Auch hier war es nötig, das totale Abstinenzversprechen zu verlangen; denn Mäßigkeit ist erfahrungsgemäß kein Heilmittel gegen Trunksucht.

Unser Beispiel fand Nachahmung an den anderen Hochschulen Österreichs, ja sogar draußen im Reich entstanden Deutschakademische Gemeinschaften (Marburg, Karlsruhe). Dem Kreis der Gemeinschafter gehörten Persönlichkeiten an, die später eine gewisse Prominenz darstellten. Da war z. B. Karl Schubert, später der bekannte Waldorflehrer, da waren die Brüder Miklau – als Jugendführer bekannt geworden, da war Wilhelm Steingötter, der nachmalige Oberbürgermeister von St. Pölten, da war Dr. Fritz Kutschera, Luis Trenker und viele andere. Karl Schubert hatte damals bereits Kontakt mit Rudolf Steiner*, und er ließ oft in unseren Abenden etwas Anthroposophie antönen. Wir hatten aber damals noch kein Organ dafür, wir waren so sehr in unsere nächstliegenden Ziele verbohrt, daß wir die leisen Töne überhörten. Immerhin nahmen wir wahr, daß seine Äußerungen von einer eminenten geistigen Kraft getragen waren. Er trug daher bei uns den Beinamen „Die spirituelle Großmacht". Dieses Versagen muß ich auf mein Schuldkonto nehmen. Das drückte mich später sehr. Was hätte – so fragte ich mich später – Rudolf Steiner wohl mit einer Schar von einigen hundert begeisterten jungen Menschen beginnen können? Wir waren noch nicht reif genug.

Wir widmeten uns der Jugendpflege und gründeten den Wandervogel in Österreich. Da hatten wir zunächst einen harten Kampf auszufechten, um die Jugendbewegung, wie wir sie verstanden, vor staatlichen und behördlichen Einflußnahmen zu schützen. Es mußte eine Führerschaft erstehen, die im Sinne der „Freideutschen Jugend" die Verantwortlichkeit gegenüber der eigenen Lebensgestaltung zu pflegen in der Lage war. Aber wir waren ernsthaft bereit, Verantwortung zu tragen, und so führten wir den

---

* Rudolf Steiner (1861–1925), Begründer der Anthroposophie

jungen Bund seinem großen Tag auf dem „Hohen Meißner" entgegen.

Später fragte ich mich oft, was hätte wohl aus dem Freideutschen Jugendtag werden können, wenn die Wandervögel Rudolf Steiners „Wie erlangt man Erkenntnisse der höheren Welten" gelesen hätten? Viele haben es später – nach Jahren und Jahrzehnten – nachgeholt.

Im Sommer 1911 fand die große internationale Hygiene-Ausstellung in Dresden statt. Damals wanderte ich mit einer Gruppe „Gemeinschafter" von Wien durch das Waldviertel längs des Böhmerwaldes, durch das Fichtelgebirge, Erzgebirge, Elbsandsteingebirge nach Dresden. Mit Rucksack und Klampfen (Zupfgeige) kehrten wir abends bei Bauern ein, sangen Volkslieder, hörten und zeichneten die Lieder der Bauern auf und schliefen dann im Heu. Oft besprachen wir mit unseren Gastgebern die Sorgen der Grenzbewohner mit Bezug auf die hochgeputschten Nationalismen dieser Gegenden. In Dresden trafen wir die Prominenz der Alkoholgegnerbewegung an: H. Popert, den Verfasser von „Helmut Harringa", Kapitänleutnant Paasche, Prof. Gruber und die Großtempler und Vorsitzenden der großen Verbände. In den Versammlungen machte sich ein gewisser Gegensatz zwischen den Mäßigkeitsaposteln (Temperenzler) und den Abstinenzlern geltend. Wir vertraten mit unserem jugendlichen Feuer die totale Abstinenz. Der Mensch sei zwar das „Maß" aller Dinge, aber die „Mäßigkeit" sei demgemäß ein durchaus subjektiver und dehnbarer Begriff. Bei einem Volksgift wie dem Alkohol dürfe es aber keine Toleranz geben. Zudem handle es sich ja vor allem darum, die *Trinksitten* zu brechen. Solange nur Mäßigkeit gepredigt werde, sei die Sitte, bei jeder Geburt, Hochzeit, Leiche, bei Geburtstagsfeiern und am Stammtisch Unmengen alkoholischer Getränke zu konsumieren, überhaupt nicht berührt.

Wir ernteten mit der Darlegung unseres Standpunktes viel Beifall. Heute, nach einem halben Jahrhundert, muß man doch zugeben, daß die Trinkgewohnheiten wirklich schon ein wenig abgebröckelt sind.

Das Studium absolvierte ich nebenbei und arbeitete nach seiner Beendigung noch eine Weile am UniversitätsInstitut für „Gerichtliche Medizin" und dann als Assistent von Prof. Allers an der psychiatrischen Forschungsanstalt von Prof. Kraepelin in München. Meine Doktor-Dissertation schrieb ich über „Anilidochinone und Chinonanile". Im Verlauf meiner Arbeit stellte ich eine Reihe neuer, bisher unbekannter farbstoffgebender Substanzen her als Beitrag zum Verständnis der Natur der Farbstoffe im Sinne der chinoiden Struktur. (Journal für praktische Chemie 90, 447)

Da schlug hinein die Mordtat von Sarajewo. Der Thronfolger hatte in der Bevölkerung den Ruf eines gerechten, toleranten und slawenfreundlichen Mannes. Man konnte die Hoffnung haben, daß es seiner behutsamen, aber doch energischen Natur gelingen könnte, die hochgeputschte Nationalitätenfrage in der Monarchie zu beruhigen und zu lösen.

Trotz aller Krisen, die diesen Staat dauernd erschütterten, und trotz aller Unzulänglichkeit der Staatsführung glaubte ich doch in der österreichisch-ungarischen Monarchie das Modell eines Staatswesens erblicken zu dürfen, das beispielgebend für die Zukunft sein könnte. Deutsche, Italiener, Ungarn, Slowenen, Kroaten, Serben, Bosniaken, Rumänen, Tschechen, Slowaken, Polen, Ruthenen bevölkerten das Staatsgebiet und fühlten sich trotz gegenteiliger Propaganda-Slogans wohl. Als ich 35 Jahre später in London einen jugoslawischen Minister traf, der in Österreich studiert hatte, begrüßte der mich mit dem Ausruf: „Ach, war das schön im Kaiserlichen Österreich – und das muß wiederkommen – wenn auch in metamorphosierter Form!"

Die Völker und Volkssplitter innerhalb der Monarchie waren doch bei weitgehendster kultureller Autonomie Mitteleuropäer. Und wenn man heute die sogenannten Nachfolgestaaten besucht, so trifft man fast noch überall die Tingierung durch den mitteleuropäischen Geist. Diese Aufgabe hatte Österreich-Ungarn erfüllt.

So war ich auch innerlich bereit, diesen Staat zu verteidigen. Ich befand mich eben mit einer Wandervogelgruppe auf Sommerwanderung im Steinernen Meer. Als wir nach Salzburg herunterkamen, war eben das Ultimatum an Serbien ergangen. Wenige Tage später – ich war schon wieder in München – erfolgten die Kriegserklärungen und ich rückte zu meinem Truppenkörper in Wien ein.

WANDERJAHRE

Nach kurzer militärischer Ausbildung ging ich ab ins Feld. Es war Frühjahr 1915 – die Durchbruchsschlacht in den Karpaten war eben geschlagen, und ich lag in Galizien am San. Solange man sich noch auf österreichischem Boden bewegte, empfand man die Umgebung als halbwegs zivilisiert. Dann aber führte der Feldzug nach Russisch-Polen und die Verhältnisse änderten sich schlagartig. Ich machte den Vormarsch mit durch ganz Wolhynien und darüber hinaus.

Der russische Mensch berührte mich tief. Der Kontakt mit den Gefangenen war nicht überwältigend – aber dadurch, daß ich in einer böhmischen Einheit diente, hatte ich mir einige tschechische Brocken angeeignet, die mir ermöglichten, mich einigermaßen zu verständigen. Auch was man durch Tolstoi und Dostojewski wußte, war schon eine Brücke für das Verstehen. Ein melancholisches Grundtemperament, ein Verbundensein mit der russischen Erde kennzeichneten diese Menschen. Eine ausgesprochene Gutmütigkeit kam zum Vorschein, wenn man es verstand, ihr Vertrauen zu gewinnen. Sie wußten nicht, warum sie in den Krieg gezogen waren. Sie konnten wohl wild und grausam sein – aber wenn man die richtige Saite zum Tönen brachte, erschien rührend naiv die angeborene Güte.

Dreißig Jahre später – nach dem Zweiten Weltkrieg – konnte ich einen tieferen Blick in die russische Seele tun. Österreich war bis zur Enns russisch besetzt. Ich lebte in München und wollte nach Wien; dabei mußte ich die

Demarkationslinie an der Enns passieren. Ein unerhörter Formalitätenkram war dabei zu absolvieren. Für meinen Paß benötigte ich eine amtliche russische Übersetzung; ich ging in Salzburg zum russischen Dolmetscher, und der fragte mich, ob ich nach Sibirien wolle. Auf meine erstaunte Frage erklärte er mir, daß in meinem Paß als Beruf „Forscher" angegeben sei – und solche Leute ließen sie sich nicht entgehen. Er gab mir den Rat, mir einen provisorischen Paß ausstellen zu lassen, in welchem ein weniger verfänglicher Beruf erscheint. Da war guter Rat teuer – wo sollte ich so rasch einen neuen Paß hernehmen? Auf der Salzburger Landesregierung war man sehr hilfsbereit, und man bestätigte mir, daß zwar selten, aber doch ab und zu Wissenschaftler an der Demarkationslinie verschwinden. Auf langen Wegen gelang es mir, einen provisorischen Paß zu erlangen, auf dem ich als „Apotheker" ausgewiesen war. – Der Zug nach Wien passierte die Ennsbrücke und hielt vor einer Baracke, in der die russischen Kontrollorgane amtierten. Die Reisenden wurden sorgfältigst und sehr langsam geprüft, und jeder hatte wohl ein wenig Herzklopfen. Mir gegenüber saß ein Mann aus Linz, anscheinend ein rechtschaffener Bürger. Bei dem erfolgte die Kontrolle besonders scharf. Schließlich erhob der Russe den Finger und sagte: „Mitkommen". Mein Gegenüber erhob sich verstört und bleich, raffte sein Gepäck zusammen und folgte dem Russen in die Baracke. Es dauerte lange, nichts rührte sich – endlich wurde das Abfahrtssignal gegeben, der Zug setzte sich in Bewegung, der Mann war nicht zurückgekommen. Ich hatte in Wien am Westbahnhof einiges zu erledigen, was ziemlich lange Zeit in Anspruch nahm, so daß der nächste Zug aus Linz eintraf, und da sah ich unseren Mann wohlbehalten am Ausgang. Er erzählte mir folgendes: Der Russe deutete auf den Paß und sagte: „Du heute Geburtstag – das muß betrunken werden". Er mußte sich setzen, mitten in die Runde der russischen Zecher, bekam ein Glas Wodka vorgesetzt, es wurde ein Chor intoniert – offenbar zu Ehren des Geburtstagskindes – und nach dieser Feier wurde er verabschiedet und in den nächsten Zug gesetzt.

Mein Freund Dreidax erzählte mir ein ähnliches Erlebnis: Er bewohnte mit seiner Frau ein Haus mit Obstgarten in Bad Saarow, Mark. Als die russische Front ihn überrollte, wurde zunächst mal das Haus gründlich ausgeplündert, die Möbel verschleppt und dann der Garten verwüstet, indem Äste von den Bäumen gerissen wurden, um ein paar Äpfel zu ergattern. Da setzte die Initiative von Dreidax ein, indem er dem Anführer begreiflich machte, daß er ihnen die Äpfel pflücken wolle. Er kletterte auf den nächsten Baum und reichte die reifen Äpfel herab. Das löste ein Erstaunen und dann eine Wandlung aus, die unerwartet war. Die geplünderten Sachen stellten sich wieder ein, die verschleppten Möbel kamen wieder zum Vorschein, und jeden Mittag erhielt das Ehepaar Dreidax ein Essen aus der russischen Feldküche.

Damals – 1915 – gewahrte ich diese verborgenen Eigenschaften an vielen Einzelheiten: Spontanität, Unberechenbarkeit und eine im Grunde schlummernde Gutmütigkeit.

In den Rokitnosümpfen erwischte mich die Malaria. Ich lag halb bewußtlos mit 41° Fieber in meiner Unterkunft. Der Regimentsarzt hatte Chinin verschrieben, und mein Pfeifendeckel – so nannte man in der österreichischen Armee die Offiziersdiener – holte in der Feldapotheke ein Röhrchen mit 10 Tabletten à 0,5 g. Er war ein halber Analphabet und flößte mir in meinem Dämmerzustand alle 10 Tabletten – fast eine tödliche Dosis – auf einmal ein. Ich war einige Tage bewußtlos und als ich aufwachte, glaubte ich einen Dampfkessel mit 15 Atmosphären Überdruck auf meinen

Schultern sitzen zu haben. Das war ein unerhörtes Brausen und Zischen und Sausen. Ich konnte nichts hören. Das linke Ohr erholte sich nach einiger Zeit; das rechte Ohr aber – auf dem ich schon immer anfällig gewesen war – befiel völlige Taubheit. Die Malaria jedoch war beseitigt. Erst jetzt, nach fünfzig Jahren, machen sich die Reste durch rhythmisch wiederkehrende Fieberattacken bemerkbar.

Zufolge meines Hör-Gebrechens bekam ich das Kommando eines mobilen Feldspitals. Wir hatten drei Ärzte, und unsere Aufgabe war es, die Front-Kranken und Verwundeten provisorisch zu betreuen und in das nächste stabile Reservespital oder in die Lazarette der Etappe abzuschieben. Das geschah entweder durch eigene Fuhrwerke oder durch die Verpflegsstaffel, die sonst leer zurückfuhren zu den Divisionsbäckereien und mobilen Verpflegsdepots. Bei größeren Kampfhandlungen wurden auch die Munitionskolonnen angewiesen, bei ihrer Rückfahrt zu den Munitionsdepots Verwundete mitzunehmen. Wir hatten ein großes „Verbandszelt" mit allem Zubehör und unter Umständen wurde uns eine „Chirurgengruppe" zugeteilt, die unaufschiebbare Operationen und Amputationen vornahm.

Ich hatte nun auch für etwa hundert Pferde zu sorgen. Die schweren Pack- und Sanitätswagen hatte ich gleich in landesübliche Fuhrwerke umgetauscht, auch die schweren Pferde durch die kleinen widerstandsfähigen russischen Konjes ersetzt. Das war bei den trostlosen Straßen und Wegverhältnissen in Rußland unbedingt nötig.

Einmal geriet ich mit meiner Kolonne in ein Sumpfgebiet. Da gab es nur einen Prügelweg, der durch die vorangegangene Artillerie weitgehendst ramponiert war. Ich hielt es für eine Unmöglichkeit, da durch zu kommen; für die Verpflegsstaffel und die Munitionskolonne waren andere Wege – große Umwege – befohlen worden. Ich versuchte, mich mit dem Divisionsstab ins Einvernehmen zu setzen, konnte aber keine Verbindung bekommen. Es blieb also nichts anderes übrig – als hindurch durch den Sumpf. Wir sammelten die verstreuten Prügel und versuchten, den Weg damit zu reparieren. Die Pferde versanken bis zum Bauch und wären wohl noch tiefer versunken, wenn man sie nicht dauemd an der Trense hochgelupft hätte. Die Fuhrwerke versanken, so daß die Räder kaum mehr sichtbar waren. Wir nahmen die Prügel hinter uns und gebrauchten sie zur Verbesserung des Weges vor uns. Dann brach die Dunkelheit herein. Wir arbeiteten uns weiter vor im Lichte der Schein-werfer aus dem Verbandszelt. So machten wir vier Kilometer in 24 Stunden. Doch schließlich gelang es, den Sumpf hinter uns zu bringen – ohne Verluste an Mann, Roß und Wagen.

Der weitere Vormarsch erfolgte in südöstlicher Richtung, so daß wir aus den Sumpfgebieten herauskamen. Die Sorge um die Pferde machte mir zu schaffen. Futter gab es kaum, das Steppengras war dürftig und trotz sonstiger guter Pflege wurden die Tiere anfällig.

Eines Tages gab es Streit zwischen zwei Pferden – einem Rappen und einem Falben. Der Rappe schlug dem Falben das Vorderbein ab, so daß es nur noch an Haut- und Sehnenfetzen herumbaumelte. Der Tierarzt, den ich kommen ließ, ordnete „Erschießen" an, stellte die Verlustanzeige an das vorgesetzte Kommando aus und empfahl sich. Als ich mit der Pistole vor dem Tier stand, wendete es den Kopf zu mir und schaute mich an wie man einen alten Freund anschaut. Ich brachte es nicht über mich, es zu töten. Obwohl es zunächst völlig aussichtslos schien, versuchte ich gemeinsam mit meinem Wachtmeister – der in Zivil Bergmann war – das Bein zu schienen und mit Mullbinden festzulegen. Die unterste Schicht der Binden wurde mit

Arnikatinktur beträufelt, was später öfter wiederholt wurde. Glücklicherweise gab es etwa eine Woche Marschpause. Das Tier verhielt sich ruhig – wie ein vernünftiges Wesen – schlief viel, und wenn ich kam um nachzuschauen, blickte es mit seinen großen dunklen Augen nach mir, als ob es sprechen wollte. Dann kam Marschbefehl und die Frage erhob sich: Was machen wir mit unserem Patienten? Kurz entschlossen leerten wir einen Planwagen, verteilten die Fracht auf einige andere Wagen und packten das Pferd auf das mit Stroh ausgepolsterte Fuhrwerk. So führten wir das Tier einige Wochen mit uns. In der dritten Woche aber stand es von selbst auf, humpelte neben der Marschkolonne einher und wieder eine Woche später merkte man nichts mehr von dem erlittenen Unfall. Der Überschuß eines Pferdes erlaubte mir, meinen Korporal beritten zu machen.

Wir näherten uns dem dritten Kriegswinter. Die Front schien sich zu stabilisieren, und ich machte mir Gedanken, wie ich meine Pflegebefohlenen über die harte Winterszeit hinweg bringen könnte. Die wenigen Hütten waren als Behandlungsraum und Marodenzimmer eingerichtet und sonst gab es nichts. Auf meinen gelegentlichen Rekognoszierungsritten entdeckte ich eine verfallene Sägemühle. Der nähere Augenschein ergab, daß da noch eine ganze Menge Balken und Bretter versteckt lagen. Wir holten sie uns bis auf die letzte Latte und bauten damit einen phänomenalen Stall mit Boxen und Schlafstätten für die Mannschaft im Giebelraum. Die größte Mühe machte mir die Beschaffung von Dachpappe, weil ich die ja nur im offiziellen Instanzenweg bekommen konnte. Schließlich erhielt ich Dachpappe *neben* dem Dienstweg. Der Stall wurde später durch inspizierende Generale als Palast bezeichnet, und so kam es, daß ich diesmal ohne einen Verweis wegen eigenmächtiger Requirierung davonkam.

Der Vorfrühling machte sich bemerkbar. Die letzten Schneeflächen schmolzen in der lauen Luft dahin, ein föhniger Wind trieb dunkle Wolken über den Himmel. Ich ritt über die weite russische Ebene dahin und war oft tief in Gedanken versunken, fragte man sich doch immer wieder nach dem Sinn dieses Weltgeschehens. War es richtig, in dieser Weise den mitteleuropäischen Raum zu schützen? Sollte man nicht ein Gespräch anstreben? Ich hatte viel Schmerz und Elend durch diesen Krieg gesehen. War das zu rechtfertigen? Später erfuhr ich, daß Rudolf Steiner das Folgende sagte: „Das Furchtbarste, was geschehen könnte, wäre gerechtfertigt, wenn dadurch das mitteleuropäische Geistesleben gerettet werden kann". Damals rang ich mit dem Zweifel. Wie lange noch? – haderte ich mit dem Schicksal. Da brach die Sonne durch die Wolken und die russische Erde leuchtete auf. Da wich die Resignation einem tiefen Gottvertrauen. Dreißig Jahre später kamen mir Worte zu Gesicht, die ein Frontsoldat des Zweiten Weltkrieges – ich konnte seinen Namen nicht eruieren – aus einem ähnlichen Seelenzustand geformt haben muß:

Frage nimmer! denn Du mußt es tragen.
Wir marschieren – mehr kann ich nicht sagen.
Viel versank; doch Wunderbares blieb;
Ewige Schrift, die Gottes Finger schrieb:
Wind und Wolke, Mond und schweigend Land. –
Heute sah ich einen Baum am Himmelsrand.
Gläubig hob er seine Krone ins Vertrauen
Ewiger Winde. Plötzlich aus den Wolkenbrauen
Fiel ein Glanz auf ihn wie Gottes Angesicht;
Und der Einsame stand ganz im Licht.
Also sollst auch Du vertrauen und nimmer fragen!
Wir marschieren – mehr kann ich nicht sagen.

Einige Tage danach bekam ich meine Abkommandierung an die italienische Front. Am Südtiroler Abschnitt wurde eine Offensive vorbereitet. Auf der Hochebene der Sieben Gemeinden war alles vollgepfropft mit Reserven. Ich sollte den Monte Pasubio besetzen, ein etwa zweieinhalbtausend Meter hohes Dolomitmassiv östlich des Gardasees, durchzogen von Höhlen und als Bergfestung ausgebaut. Von dort sollte der Durchbruch in die Po-Ebene erfolgen, um die Isonzofront, gegen die die Italiener schon vielmals vergeblich angerannt waren, zu entlasten und eventuell aufzurollen.

Hier war die Situation eine gänzlich andere wie in Rußland. Ich hatte Mühe, mich den Italienern gegenüber objektiv zu verhalten. Ich empfand den russischen Menschen dem mitteleuropäischen Wesen viel näher als den Italiener. Die italienische Politik – für die ja zwar der einzelne Italiener nichts konnte – mußte uns damals vertragsbrüchig und treulos erscheinen.

Als es nach sorgfältiger Vorbereitung endlich losgehen sollte, brach die Brussilow-Offensive im Osten los. Ich wurde mit meiner Einheit abgezogen, verfrachtet und durch Ungarn und Siebenbürgen nach Galizien gebracht. Als ich dort ankam, war die Offensive auch ohne mich zum Stehen gekommen und wir waren wieder im Vormarsch auf die Bukowina.

Da ereignete sich etwas Unvorhergesehenes: Seien es meine drei Jahre Frontdienst, sei es mein Hörgebrechen oder sei es meine Eigenschaft als Chemiker, ich wurde in die Pulverfabrik Blumau abkommandiert. Ich löste mich also aus der Front, besuchte erst einmal meine Familie in Wien und meldete mich nach einigen Tagen in Blumau. Da wurde mir mit Bedauern mitgeteilt, daß mein Posten schon besetzt sei. Ich fuhr also wieder – mit weniger Bedauern

– nach Hause und wartete auf die Dinge, die da kommen sollten. Da erhielt ich nach einiger Zeit den Befehl, mich im Kriegsministerium als Adjutant des Kriegsministers zu melden. Ich hatte zuerst das Referat Karbid und Kalkstickstoff und später das Personalreferat. In dieser Eigenschaft hatte ich die Geheimakten zu verwalten und sie dem Minister zur Unterschrift vorzulegen.

Eines Tages wurde ich im Korridor von einem Artillerie-Oberleutnant angesprochen, der eben von der Front gekommen war. Er hatte tief in Rußland ein Telegramm aus Berlin bekommen, das ihn dringend dorthin bat. Die Instanzen im Felde hatten ihm zwar einen Urlaub gegeben, aber einen Auslandsurlaub könne nur der Kriegsminister erteilen. Hier renne er nun seit Tagen vergeblich herum und könne nicht bis zum Minister vordringen. Überall werde er als verrückt erklärt, mitten im Krieg einen Urlaub nach Berlin haben zu wollen. In jeder Instanz wurde er abgewiesen. Ich sei seine letzte Hoffnung, und er beschwor mich, ihm zu helfen. Der Mann machte den Eindruck, als trüge er einen unbeugsamen Willensentschluß in sich. Äußerlich ruhig und beherrscht, von eher zierlicher Gestalt, strömte er ein Willensfluidum aus, das ich beinahe körperlich empfand. Es war ein edles Wollen, das spürte ich. Ich fragte ihn nicht, was er in Berlin wolle – obwohl ich es gerne gewußt hätte – sondern nahm ihm den Urlaubsschein ab und ließ ihn warten. Da ich gerade mit der Unterschriftenmappe unterwegs zur Vorlage war, schob ich den Urlaubsschein dazwischen. Der hohe Chef gab seine Unterschriften ohne Frage und Kommentar – darunter auch unter den Urlaubsschein.

Zehn Jahre später traf ich meinen Oberleutnant in Zivil auf der anthroposophischen Weltkonferenz in London. Es war Walter Johannes Stein, der bekannte Waldorflehrer und

Walter Johannes Stein

Verfasser des berühmt gewordenen Buches über den Gral. Er hatte damals – 1918 – von Rudolf Steiner ein Telegramm erhalten, das ihn nach Berlin bat. Das Schicksal hatte mich dazu ausersehen, ihm dazu zu verhelfen. Rudolf Steiner hatte angesichts der bevorstehenden Katastrophe den Impuls, eine „Idee" in die Friedensverhandlungen hinein zu werfen, die Idee des dreigliedrigen sozialen Organismus. Die Forderung, den sozialen Organismus so zu gestalten, daß die Würde des einzelnen Menschen gewahrt bleibt, konnte angesichts der Bolschewisierung im Osten nicht mehr überhört werden. Der soziale Organismus, der Menschheitsleib, möchte nach solchen Gesetzen geordnet sein, wie sie im individuellen Menschenleib veranlagt und im Laufe der Weltenzeiten entwickelt sind. Wie in der physischen Menschengestalt Leib, Seele und Geist verankert sind, so müßten in ähnlicher Weise die drei Gebiete des sozialen Organismus – Wirtschaft, Politik und Kultur – so miteinander funktionieren, daß sie sich nicht gegenseitig stören und überdecken. Heute müssen wir in allen Kulturländern einen Überhang des staatlichen politischen Lebens feststellen. Der Staat drängt sich sowohl in die kulturelle Sphäre ein wie auch in das Wirtschaftsleben. Der Staat legt bereits seine Hand auf die Schulen, ja selbst die Lehrfreiheit auf den Universitäten ist vielfach schwer beeinträchtigt, die freie Arztwahl und die freie Behandlungsweise sind in vielen Ländern in schwerster Bedrängnis. In gleicher Weise möchte der Staat das Wirtschaftsleben dirigieren, Planwirtschaft ist Trumpf. Man vergißt, daß, ebenso wie Denken, Fühlen und Wollen jedes nach eigenen Gesetzlichkeiten sich entfaltet, auch im sozialen Organismus das Kulturleben seinen eigenen Gesetzen unterliegt, die verschieden sind von denen der Politik des Staates, wie auch von denen der Wirtschaft.

Freiheit, Gleichheit, Brüderlichkeit war die großartige Devise der französischen Revolution, die leider unverstanden im Blut erstickte, weil im Zentralstaat diese Ideale nicht zu verwirklichen sind. Freiheit sollte herrschen im Kulturleben, Gleichheit vor dem Recht (Staat), Brüderlichkeit aber im Wirtschaftsleben. Würde der Staat seine Macht-Interessen nicht auf die Wirtschaft ausdehnen können, dann wären keine Kriege mehr möglich. Würde der Staat nicht als Hüter nationaler Egoismen auftreten können, Friede wäre auf Erden.

Rudolf Steiner verfaßte eine Denkschrift, die an Kaiser Wilhelm und an den österreichischen Kaiser gerichtet war. Letztere sollte durch Walter Johannes Stein von Berlin abgeholt und dem Kabinettchef in Wien übergeben werden, was auch geschah. Leider blieb die Denkschrift – die Ereignisse überstürzten sich – in der Schreibtisch-Schublade des Kabinettchefs liegen.

Meine Tätigkeit im Kriegsministerium brachte noch andere Keimpunkte hervor, die in meinem späteren Leben zu sprießen und zu sprossen begannen. Davon soll später noch berichtet werden.

Das Kriegsende brachte durch das Diktat von St. Germain den Zerfall der österreichisch-ungarischen Monarchie. Die Bevölkerung des Rumpf-Österreich erhoffte sich den Anschluß an das Deutsche Reich. Das erste Gesetz, welches von dem neu sich konstituierenden Parlament beschlossen wurde, war: „Deutsch-Österreich ist ein Bestandteil des Deutschen Reiches." Diese Willenskundgebung wurde durch die Siegermächte anulliert. Auch die Bezeichnung „Deutsch-Österreich" mußte unterbleiben. Aber eine echte Sehnsucht, die die Machthaber des 3. Reiches später mißbrauchten, war geblieben. So nur ist der triumphale Empfang Adolf Hitlers 1938 in Wien zu erklären.

Aber auch der bolschewistische Osten streckte seine Hand aus nach dem verstümmelten Österreich. Als zum erstenmal die neue österreichische rot-weiß-rote Fahne vor dem Parlamentsgebäude enthüllt wurde, stand die Menge in feierlicher Erwartung auf der Ringstraße und in den Nebenstraßen. Da lösten sich einige dunkle Gestalten aus der Menge, kletterten mit affenartiger Geschwindigkeit auf die beiden Fahnenmasten, schnitten den weißen Mittelstreifen aus dem Fahnentuch heraus und hefteten die beiden roten Randstreifen zusammen. Ein Schrei des Protestes vereinte die Menge. Da fing auch schon die Schießerei an, die Haustore wurden geschlossen, und die Straße begab sich auf Putschwege. Es war das Verdienst des Sozialdemokraten Karl Renner, daß Österreich von der kommunistischen Flut verschont blieb, während in Ungarn Bela Kun eine Räteregierung nach bolschewistischem Muster einrichtete. Sogar in Deutschland bildeten sich lokale Räterepubliken, doch wurde hier durch die besonnene und aktive Haltung der Bevölkerung dem Spuk bald ein Ende gesetzt. (Siehe zur Linden, „Blick durchs Prisma", Verlag Klostermann).

Nach dem Krieg

In dem durch die Inflation erschütterten Wirtschaftsleben der ersten Nachkriegsjahre fand ich sofort eine Stellung als Chemiker bzw. Chefchemiker in der „Pharmazeutischen Industrie A.G. Klosterneuburg/Wien". Wir waren irgendwie liiert mit den „Chemischen Werken Grenzach, Baden" und dadurch mit der in Bildung begriffenen „I.G. Farben". Meine Tätigkeit daselbst war dementsprechend das Synthetisieren organischer Verbindungen, die dann pharmakologisch untersucht wurden. Meine Skepsis gegenüber solcherart hergestellten „Heilmitteln" wuchs von Tag zu Tag. Prinzipielle Fragen über Heilmittel und ihre Herstellung begannen mich zu interessieren.

Eine Zeitlang hatte ich vertretungsweise die „Galenische Abteilung" zu führen. Das gefiel mir schon besser. Da hatte ich im Großbetrieb Extrakte aus Drogen, Tinkturen, Salben, Pflaster, Suppositorien und Tabletten herzustellen.

Mein besonderes Interesse aber galt nach wie vor der Farbenchemie. Mein Kollege Dr. Truttwin war von der gleichen Hinneigung beseelt, und wir arbeiteten zusammen in den Abend- und Nachtstunden an einer „Enzyklopädie der Küpenfarbstoffe", einem dicken Wälzer, den wir im Verlag Springer, Berlin, herausbrachten. Bald hernach konzipierten wir eine „Kosmetische Chemie", die im Verlag Barth, Leipzig, erschien. Die Kosmetik, deren Berechtigung uns nicht zweifelhaft däuchte, wollten wir gerne aus den Händen von Quacksalbern in eine wissenschaftliche Sphäre heben. Als Signum unserer Kosmetik wählten wir die heiligen drei Könige mit ihren Symbolen: Gold, Weihrauch und Myrrhe.

Durch einen anderen Kollegen, Dr. Chwala, kam ich in Berührung mit Schülern Rudolf Steiners. Es war mir merkwürdig, daß ich immer wieder auf Rudolf Steiner gestoßen wurde. Die Menschen aber, mit denen ich Kontakt bekam, waren nicht so, daß ich in die Lage versetzt wurde, meine Skepsis zu überwinden. Ich hörte bloß Worte, die meine Seele nicht bewegten. Ich war noch nicht reif genug. Ich hatte noch nicht gelernt, den Gral von den Gralsträgern zu unterscheiden.

Im Verlaufe meiner Wanderjahre kam ich nach Köln. Dort sollten die Mannesmann Motorenwerke in Köln-Westhoven zu einem chemischen Großbetrieb umgebaut werden, und zwar war ein Werk für Farben und Zwischenprodukte geplant. Meine technologischen Kenntnisse und Erfahrungen kamen mir sehr zustatten, und es machte Freude, im Großen planen und bauen zu können. Die Anlagen waren halbwegs fertig, als die Inflation – zum erstenmal schon in Österreich durchgemacht und nun zum zweitenmal hier erlebt – einsetzte. Zugleich war die Ruhrbesetzung durch die Franzosen erfolgt. Wirtschaft, Verkehr, Handel und Wandel strebten dem Chaos zu.

Kommunistische und separatistische Unternehmungen wurden von der Besatzung angezettelt und unterstützt, während der passive Widerstand der Bevölkerung viel Leid brachte. Unter diesen Umständen stockte der Ausbau der Mannesmann Chemischen Werke. Das war wohl der Zeitpunkt für die I.G.-Farben, Verhandlungen mit den Brüdern Mannesmann anzuknüpfen, um ihre Konkurrenz-Sorgen zu günstigen Bedingungen los zu werden. Sie endeten damit, daß eine erhebliche Abstandszahlung geleistet wurde, wenn der Ausbau der chemischen Werke eingestellt werde.

Ich erhielt zwar auch eine unvorstellbar hohe Abfindungssumme. Aber die Milliarden zerflatterten im Umsehen und es kamen bald die Billionen-Markscheine in Umlauf. Gewitzigt durch meine österreichischen Inflationserfahrungen, legte ich einen großen Teil meiner Milliarden wertbeständig an, doch bei der Schachtschen Stabilisierung zur Rentenmark schmolz auch dieser Bestand auf ein Minimum zusammen. Es war ein schwerer Kampf um die Existenz. Ich verdiente mein tägliches Brot durch Konsultationen kleiner und mittlerer Betriebe. Ich mietete einen Wellblechschuppen mit Gleisanschluß und fabrizierte essigsaure Tonerde. Das alles reichte eben aus, uns vor dem Verhungern zu bewahren. Da erschien als rettender Engel ein Schrotthändler. Dieser hatte riesige Lagerstätten mit gebrauchten Konservendosen, die bekanntlich verzinnt sind. Ich zeigte ihm, wie er das Zinn mit Chlor ablösen und aus dem gewonnenen Zinnchlorid Zinnsalze herstellen könne, die in der Alizarinfärberei gebraucht und gesucht werden. Der Schrotthändler war helle und unternehmend, die Anlage war denkbar einfach und billig, und ich hatte für ein halbes Jahr ausgesorgt.

Wandlung

In dieser Zeit* schwieriger äußerer Lebensumstände erlebte ich ein Zu-mir-selber-Kommen lichtvollster Art. Mein Töchterchen besuchte in Köln die „Neuwachtschule", eine nach der Art der Waldorfschulen geführte Anstalt. Der freundschaftliche Kontakt, den ich zur Lehrerin meiner Tochter, Frau Ebersold-Förster, gewann, erweckte in meiner Seele die Erinnerung – wie mir schien – an längst Gewußtes. Die Anthroposophie, die sie mir brachte, glaubte ich schon in früheren Zeiten einmal erlebt zu haben. Die Worte, die sie fand, waren nicht nur Worte, sondern Weltenkräfte, die

Antonia Ebersold-Förster (1925)

---

* un 1923 (D. Hrsg.)

mich anknüpften an vorgeburtlich Erlebtes. Ich fand mit einemmal den Zugang zur Welt Rudolf Steiners. Ich erinnerte mich an die Hyperbel meiner Jugendjahre, an die Musik Anton Bruckners, an Peter Rosegger und meine Konfirmation, und ich erinnerte mich an den ersten Eindruck meines diesmaligen Erdenlebens: „Der Himmelvater spricht". Und darüber hinaus glaubte ich ahnungsweise die Absichten zu erfassen, mit denen ich zur Erde herabgestiegen war.

Die Mission der Wandlung erblickte ich als meine Erdenaufgabe, die Wandlung meiner selbst, die Wandlung der Natur und der Erde. Ich lernte hinblicken auf Zarathustra, welcher aus Mysterienzusammenhängen in uralten Zeiten Urpersiens der Menschheit den Ackerbau brachte, den ersten aktiven Anfang der Umwandlung der Erde. Was in den antiken Kulturen als Menschheitsfortschritt zutage trat, war durch göttliche Hierarchien inauguriert worden, und die Menschen verhielten sich nach den Geboten der Mysterienstätten, durch welche die Götter wirkten. Erst als der Sonnen-Christus auf Golgatha durch den Kreuzestod ging und sich dadurch mit der Erde verband, war es durch die Auferstehungskräfte möglich geworden, dasjenige, was früher durch Gotteswesen an den Menschen von außen herankam, aus dem Menscheninnern selbst zu entfalten. Die Welt ist alt und krank geworden. Die Menschenherzen aber sind jung und schöpferisch geworden, sofern sie sich mit den Auferstehungskräften durchdringen; und damit ist der Mensch vom Geschöpf zum Schöpfer geworden. Die alte Welt ist dem Tode verfallen – aus dem Menschenherzen kann eine neue Welt erstehen. Ich fühlte mich an einem Welten-Wendepunkt. Das war Wandlung.

In der Gesellschaft des bekannten Kunsthändlers Wilhelm Goyert in Köln fand ich einen Kreis von Menschen, die in Gesprächen von hohem Niveau Anthroposophie pflegten.

Die Festeszeiten wurden besonders gefeiert. Zu Weihnachten wurden die Oberuferer Weihnachtsspiele aufgeführt. Das sind mittelalterliche Bauernspiele, die in Oberufer, einer deutschen Kolonie in der Gegend von Preßburg (Ungarn) seit vielen Generationen zelebriert wurden – so muß man wohl sagen. Dort wurden sie von Karl Julius Schröer, dem Literaturlehrer Rudolf Steiners an der Technischen Hochschule in Wien, aufgefunden und aufgezeichnet. Im Herbst schon wurden aus der Dorfgemeinschaft die Spieler ausgesucht. Nur Burschen durften mitspielen, und die Disziplin war eisern. Die Burschen mußten sich des Trinkens enthalten und des Umganges mit den Mädchen. Drei Spiele kamen zur Darstellung: Das Paradeisspiel, das Christgeburt- oder Hirtenspiel und das Dreikönigsspiel. Wenn nach der Austreibung aus dem Paradies die Worte Gottvaters ertönen:

„Wie ist Adam worden so reich,
Einem Gotte ist er worden gleich!
Er weiß das Bös und a das Guat,
Wenn er seine Händ aufheben tuat,
Und lebet danach ewiglich."

und der Engel spricht:

„So geht nun aus dem Garten nieder,
I will eng langsam rufen wieder!"

und zum Publikum gewandt:

„ ... Und haben Gottes Gebot übertreten,
Dadurch sein's kommen in Angst und Nöten,
Auch letzli verdammt zum ewigen Tod,
Bis aus Gnad der barmherzige Gott

Seinen eingeboren Sohn hat in die Welt
Gesandt als Lösegeld ... " –

dann erhellt in dramatischen Bildern die Schöpfung und die Menschheitsentwicklung vom Uranfang bis in eine ferne Zukunft. Der Mensch hat gegessen vom Baum der Erkenntnis und mußte hinabsteigen in die Finsternis; er darf jetzt essen vom Baum des Lebens, der durch die Tat des Christus Jesus in die Erdenaura gepflanzt wurde; dadurch kann er sich allmählich wieder hinaufleben in die Höhen paradiesischen Lichtes, mit allem was er auf seiner Erdenlaufbahn gelernt und erfahren hat.

Und wenn Gallus, der Hirte, nach der Anbetung äußert:

„ ... Kein Glauben werden's uns geben
Sondern ein groß Glachter erheben,
Denn es is mit der Sach so bewandt,
daß es übertrifft allen Menschenverstand",

dann möchte man aus tiefstem Herzen hoffen, daß immer mehr und mehr Zeitgenossen ergriffen werden von dem Wunder der Wandlung.

In Köln wurde damals das Paradeisspiel und das Christgeburtspiel aufgeführt. Ich spielte mit als „Sternsinger" und als einer der Hirten.

Im Sommer 1924 fand die anthroposophische Sommertagung in Arnheim (Holland) statt. Ich beabsichtigte, dieser Tagung beizuwohnen trotz aller durch die französische Besetzung verursachten Hindernisse, Verkehrssperren, Zoll-Linien und Schikanen. Ich schiffte mich auf einem Rheinfrachter ein, der ohne Stop von Köln nach Holland fuhr. Das Schicksal wollte es, daß ich in Arnheim immer wieder Rudolf

Steiner in die Arme lief – im Korridor, im Vortragssaal, im Sprechzimmer – und immer Gelegenheit hatte, kurze aber inhaltreiche Gespräche zu führen. Seine hohe Gestalt, sein Antlitz voll Güte und Weisheit, seine wohltönende Stimme, seine ausdrucksvollen edlen Gesten, seine klare Gedankenführung beeindruckten mich tief, und ich anerkannte in ihm den Fachmann auf dem Gebiete der Geisteswissenschaft. Er sprach im Vortrag über das Schicksal der anthroposophi-

Dr. Rudolf Steiner

schen Bewegung und ich fand mein Ahnen von einem vorgeburtlichen Erlebnis bestätigt. In anderen Vorträgen sprach er über medizinische Themen, und ich mußte erkennen, daß ich mein bisher auf diesem Gebiet Angelerntes weitgehend korrigieren und ergänzen mußte.

Im persönlichen Gespräch fragte ich ihn die Frage, mit der ich schon im Gymnasium und später auf der Hochschule meine Lehrer elendete und niemals eine befriedigende Antwort bekam: „Was ist Leben?" Rudolf Steiner gab mir zur Antwort: „Studieren Sie die Rhythmen. Rhythmus trägt Leben". Ich mußte wiederum an die Hyperbel denken.

Ein andermal zeigte ich ihm eine Salbengrundlage, die ich aus Lärchenharz hergestellt hatte und die fähig war, einige hundert Prozente Wasser oder wässrige Arzneilösungen aufzunehmen. Rudolf Steiner prüfte die Qualität sehr aufmerksam auf dem Handrücken und sagte dann, sehr gut – aber es fehle noch das I-Tüpfelchen und dieses wolle er mir geben, wenn wir uns in Arlesheim-Dornach wiedersehen würden.

Tatsächlich ließ er mich nach einigen Wochen nach Arlesheim bitten, wo Frau Dr. Ita Wegman, die ich schon in Arnheim kennengelernt hatte, eine Klinik führte. Frau Dr. Wegman war Rudolf Steiners engste Mitarbeiterin. Sie hatte durch ihre Frage nach der Erneuerung (Wandlung) der Mysterien-Medizin den Anstoß gegeben, daß geisteswissenschaftliche Einsichten einflossen in das Heilerstreben der Gegenwart. Von dieser Klinik, wo Rudolf Steiner mit Dr. Ita Wegman gemeinsam wirkten, ging ein Heilerstrom in die Welt, dem heute einige Tausende Ärzte folgen.

Mein Töchterchen, das immer wieder mit Bronchitiden dahinkränkelte, war seit einigen Wochen auf Einladung von Frau Dr. Wegman in Arlesheim, wo sie so ausgezeichnet behandelt wurde, daß sie vollständig ausgeheilt niemals wieder eine ernsthafte Bronchitis bekam.

Dr. med. Ita Wegman

Neben der Klinik befanden sich die Laboratorien der Weleda AG (damals Internationale Laboratorien A.G.), wo die von Rudolf Steiner und Ita Wegman angegebenen Heilmittel hergestellt wurden. Es wurde mir gesagt, daß Rudolf Steiner mich zur Mitarbeit in der Weleda einlade. Das wäre der Herzenswunsch meines Lebens gewesen. Ich konnte leider Rudolf Steiner nicht mehr persönlich sprechen. Er war bereits auf seinem Krankenlager – ich hörte noch zu Michaeli seine letzte Ansprache – und im März 1925 verließ er uns.

Die Ita Wegman-Klinik in den Dreißigerjahren

Auf Haifischexpedition

Die Verhandlungen um meinen Eintritt in die Weleda zogen sich in die Länge und scheiterten schließlich. Ich nahm mein Töchterchen mit nach Hause, und statt mich nach Dornach-Arlesheim zu begeben, fuhr ich nach Australien und in die Südsee. Das aber kam so:

Es wurde bereits geschildert, wie ich am Ende des ersten Weltkrieges als Adjutant des Kriegsministers fungierte. Ich saß mit einem Kollegen namens Ehrenreich an einem großen Schreibtisch. Dieser Kollege war ein Bruder eines Zoologen, und er warf die Frage auf, ob denn die Haifische, die die Weltmeere zu Millionen und Abermillionen bevölkerten, nicht einem menschheitsfördernden Zweck zugeführt werden könnten. Die Frage reizte mich, ein Wort ergab das andere – allzuviel waren wir ja durch Arbeit nicht belastet – und im Laufe der Zeit wurde ein ganzer Plan ausgearbeitet, wie eine solche Verwertung der Haie durchgeführt werden könnte. Dann kam das Ende des Krieges. Mein Freund Ehrenreich gewann den Krieg – denn er war in Böhmen geboren und optierte für die Tschechoslowakei – und ich verlor den Krieg als Wiener. Wir verloren uns aus den Augen, und ich hörte sieben Jahre lang nichts von ihm. Dann, eines Tages, kam ein Telegramm von den Brüdern Ehrenreich aus London, das besagte, daß ein Konsortium von Wirtschaftern bereit sei, eine wissenschaftliche Expedition zur Erforschung der Verwertbarkeit der Haie zu finanzieren – ob ich mitmachen wolle.

Seit ich von Arlesheim zurück war, hatte ich eine provisorische Stellung als Betriebsdirektor bei Gimborn in Zevenaar, Holland, angenommen und machte Tinten, Tusche, Büroartikel, Klebstoffe, Aquarellfarben. Ich hob das Herstellungsprogramm mit Temperafarben und Künstlerfarben etwa auf das Niveau von Günther-Wagner, Hannover. Trotzdem gab es täglich Auseinandersetzungen. Ich versuchte es mit Gelassenheit – aber das reizte die Herren noch mehr. An dem Tage, an dem ich beschloß zu kündigen, traf das Telegramm aus London ein, und ich sagte sofort zu. Schon am nächsten Tag war ich in London. Ehrenreich hatte inzwischen im Golf von Mexiko Fangversuche gemacht und unsere Methode als durchführbar erkannt. Wir revidierten sorgfältig unsere Pläne von damals, und dann ging es an die Vorbereitungen und Anschaffungen für die Expedition. Wir hatten uns mit der Australischen Regierung ins Benehmen gesetzt, die für unser Vorhaben großes Interesse zeigte und uns bei der Auswahl einer Station behilflich war. Es wurde die Sharks-Bay an der australischen Westküste gewählt. In der Bucht liegt an der Mündung des Gascoyne-River das Städtchen Carnarvon mit etwa 300 Einwohnern. Der Mündung des Flusses vorgelagert liegt Babbage-Island, eine Sandinsel, die zur Sommerszeit, wenn der Fluß ausgetrocknet ist, von der Küste trockenen Fußes erreichbar ist. Hier stehen die sogenannten „Meatworks“, von der Regierung mit großem Kostenaufwand zur Verarbeitung von täglich 1000 Schafen errichtet. Sie wurden nie in Betrieb gesetzt, weil die Schafe nicht da waren. Die ganze Gegend liegt am Rande der australischen Wüste, dort, wo sie bis an den Indischen Ozean heranreicht. Wahrscheinlich hatten einige regenreiche Jahre dazu verführt, die Hoffnung zu hegen, daß die mit etwas Hartlaubgewächsen bewachsene Wüste eine Schafzucht erlauben würde. Wir pachteten also die Werke mit Jetty* und Gleisanlage und buddelten sie aus dem Sand heraus.

So weit das Auge reichte – Sand, Meer, Himmel, Sonne und Sterne. Nachts strahlte das Kreuz des Südens in seltener Pracht herab. Dieses Gebiet, unter dem Wendekreis des Steinbockes gelegen, gilt als einer der regenärmsten Teile Australiens. Immerhin findet man, im trockenen Flußbett des Gascoyne-River grabend, in einigen Metern Tiefe gutes Wasser. Vegetation gibt es fast keine. Da und dort schütteres Buschwerk und in den mühsam kultivierten Hausgärten Carnarvons Palmen und kümmerliche Schlingpflanzen. In der Regenzeit aber – Juni/Juli – erwartet den Neuling ein Wunder. Die Hitze des Tages wurde eines Abends durch einen erfrischenden Regen abgelöst. Es regnete die Nacht durch; doch am Morgen schien die Sonne und beleuchtete ein wundersames Bild. Die Sandwüste war bedeckt mit einem Teppich roter und violetter Blütensterne. Als es gegen Mittag ging, war die ganze zauberhafte Erscheinung verschwunden, ohne eine Spur zu hinterlassen. Als ich versuchte, eine solche Blüte auf die Handfläche zu legen, verging sie wie eine Schneeflocke. Ich durchsuchte den Sand nach Rück-

* Pier, Landungskai

ständen dieser einzigartigen Vegetation, konnte aber nichts finden – auch nicht mit dem Mikroskop. Es war wie ein Hauch einer ätherischen Lebenssphäre, ähnlich wie bei uns im Winterfrost die ätherischen Bildekräfte Eisblumen an die Fensterscheiben zaubern. Ich mußte wieder an die Hyperbel denken. Später habe ich mit den Professoren am Museum in Perth darüber gesprochen. Dort war die Erscheinung unbekannt. Sie waren mir gewogen, da ich das Museum des öfteren mit Seltenheiten aus der Tiefsee bedachte. Als ich aber von diesem aufrüttelnden Erlebnis mit den Blüten erzählte, guckten sie mich doch recht bedenklich an.

Wir schlugen unser Lager unter einem weitausholenden Flugdach auf. Jeder hatte eine Abteilung, wo man sein Feldbett mit einer leeren Konservenkiste als Nachttisch aufstellen konnte. Nachts wurde es immer empfindlich kalt, wenn auch tagsüber die Sonne alles unbarmherzig ausdörrte und ausbrannte. Mit jedem Morgengrauen wurden wir von dem durchdringenden Geschrei der Kakadus geweckt. Dann kamen auch die Känguruhs mit ihren Jungen ganz nahe an unsere Quartiere heran; sie umstellten uns in einem Halbkreis und waren sehr neugierig. Besonders das Rasieren erregte ihr Interesse.

Einmal in der Woche kam ein Boot, das uns mit Nahrung versorgte und auf dem wir unsere Haifischprodukte verfrachteten. Wir sorgten vor allem dafür, daß wir bei der einseitigen Ernährung genügend frisches Obst bekamen. Jeden Abend wurden Äpfel verteilt. Jeder erhielt einen Apfel. Ich legte den meinigen auf den „Nachttisch", weil ich ihn am Morgen essen wollte, dazu legte ich den Inhalt meiner Hosentaschen – vor allem mein Taschentuch – als ich ins Bett ging. Am nächsten Morgen war aber mein Apfel angebissen und mein Taschentuch verschwunden. Dasselbe wiederholte sich am nächsten Tag. Ich ließ unsere Mannschaft im Geiste Revue passieren, aber es war keiner unter ihnen, dem ich das zugetraut hätte. Da legte ich mich auf die Lauer. Die Nacht war dunkel, und ich lag lange wach, mit einer elektrischen Taschenlampe unter der Decke und einem Prügel neben mir. Nichts rührte sich. Es war schon nach Mitternacht, da hörte ich ein ganz leises, schlürfendes Geräusch – ich wartete noch eine kleine Weile, bis es näher kam – dann knipste ich die Taschenlampe plötzlich an: Nichts zu sehen! Ich leuchtete in alle Winkel, aber es war nichts zu finden. Ich legte mich wieder hin und wartete. Nach langer Zeit hörte ich wieder dieses schlürfende Geräusch; es hörte sich an, wie wenn eine Schlange auf dem Betonboden dahinkriechen würde. Es kam mir diese Idee, weil unsere Leute tagszuvor eine Schlange erschlagen hatten. Ich machte Licht, aber es war wieder nichts zu finden. Nun hatte ich genug gelauert und es wurde mir zu dumm; ich legte mich auf mein hörendes Ohr und schlief tief und fest bis zum ersten Kakaduschrei. Mein Blick auf die Nachttischkiste aber verursachte mir einen Schock. Mein Apfel war angebissen und mein Taschentuch war weg. Ich legte nunmehr das Rätsel ad acta und verwahrte von nun an Apfel und Taschentuch besser. Bald war das sonderbare Erlebnis vergessen. Nach Monaten wurde das Dach undicht, die Regenzeit begann, und ich schickte einen der Leute ins Gebälk, um nach dem Rechten zu sehen. Der fand oben ein Nest, und dieses war ausgepolstert mit meinen Taschentüchern. Das Nest aber war das eines Mountain Devils (Bergteufel), einer chamäleonartigen Eidechse von etwa einem halben Meter Länge. Sie fangen normalerweise Fliegen und Moskitos, der Apfel dürfte eine seltene Delikatesse gewesen sein.

Mit den Eingeborenen kamen wir kaum in Berührung; sie lebten in Reservationen, die ihnen von der Regierung angewiesen wurden. Die weißen Australier sind im Durchschnitt aufgeschlossene, rührige Menschen. Ich war überrascht, unter ihnen eine große Zahl von Anhängern der Christian Science angetroffen zu haben. Ich habe oft in Gesprächen und auch in Vorträgen das Erkenntnisbedürfnis dieser Menschen im Sinne Rudolf Steiners zu bereichern versucht, und ich glaube – mit Erfolg.

Die nächste wirkliche „Stadt" ist Perth mit ihrem Hafen Freemantle, drei Schiffstagereisen im Süden. Dort heuerten wir ein Dutzend Männer an, als Fischer und als „Alleskönner", die mit uns durch Dick und Dünn gingen. Wir haben nie Schwierigkeiten mit ihnen gehabt.

Ein Problem war das Feiern der Jahresfeste. Als wir ankamen und uns einrichteten, war es Weihnachten. Die Sonne brannte unbarmherzig aus dem Zenit, denn wir befanden uns unter dem Wendekreis des Steinbocks. Es war Sommer und es war schwer, eine weihnachtliche Stimmung in sich rege zu machen. Sollten wir nicht besser Johanni feiern – so fragte man sich. Aber auch das stellte sich als absurd heraus. Ich überlegte, daß die Kulturen im nachatlantischen Zeitraum sich auf der nördlichen Halbkugel abspielten; auch die Bevölkerung macht da im Norden einen ganz hohen Prozentsatz der Menschheit als Ganzes aus. Trotz Südamerika, Südafrika und Australien sind es – so viel ich mich erinnere – bloß 3% der Weltbevölkerung*, die die südliche Halbkugel bewohnen; und von diesen sind es höchstens 1%, die an der Kulturentwicklung teilnehmen. Ich glaube daher, daß die richtige Einstellung zu den Jahresfesten die ist, im Bewußtsein die nördliche Halbkugel zu tragen und die Feste im Sinne der Kulturentwicklung so zu feiern, daß

* Seit der Erstauflage 1966 haben sich die Bevölkerungsverhältnisse auf der Erde verändert. Das Wachstum der Südhalbkugel war überproportional stark (und wird noch stärker). So leben heute (1997) schon ca. 13% der Weltbevölkerung auf der südlichen Hemisphäre. Auch nimmt ein größer werdender Anteil dieser südlichen Menschheit an der allgemeinen Kulturentwicklung teil.

man die Metamorphosen der Naturtatsachen einzugliedern versucht einer geistgemäßen Festesgestaltung. Ich dachte an die Worte: „Ich muß abnehmen, auf daß er zunimmt." Ich fand später, daß viele Zeitgenossen, die auf der südlichen Halbkugel wohnen, auf diese Probleme stoßen, zumal auch der Sternenhimmel ein ganz anderer ist. Man kommt so immer mehr zum Bewußtsein, daß man ja die Sternenwelt in seiner Seele trägt.

Wir begannen unsere Operationen mit drei Motorbooten von etwa 8 bis 9 m Länge. Sie waren mit je einem Derrick (Kran mit Flaschenzug) ausgerüstet und jedes bediente 5–7 Netze. Die Netze waren speziell für uns hergestellt und aus Baumwolle oder Hanfgarn geknüpft. Sie wurden zwischen zwei Bojen gespannt, die ihrerseits wieder im Meeresgrund verankert waren. Der obere Rand mit Kork schwimmend erhalten, der untere Rand mit Blei beschwert, lag das Netz senkrecht im Meer. Der Haifisch hat nun unter anderen physiologischen Eigentümlichkeiten die Eigenschaft, daß er nicht zurückschwimmen kann – etwa wie eine Forelle. Zusammen mit der Tatsache, daß er ungeschützte Kiemen hat – alle anderen Fische haben Kiemendeckel – führt das zu einer Fangmethode, die sich bewährt hat. Stößt nämlich der Hai auf ein ausgespanntes Netz, dann macht er einen Sprung nach vorwärts und verwickelt sich in die Maschen des Netzes, und wenn sich nur eine Masche über eine der Kiemenöffnungen legt, schließen sich automatisch alle Kiemen. Das Ungeheuer ist so in wenigen Minuten tot.

Die Haifische migrieren, d. h. sie ziehen in Schwärmen bestimmte Richtungen entlang, die mit den Jahreszeiten wechseln. Ob die Haie an sich – wie die Kleinfische, z. B. Heringe – ätherischen Strömungen folgen, oder ob sie nur migrierenden Kleinfischen nachjagen, könnte eine offene Frage sein. Die Beobachtungen jedoch, daß zu bestimmten

Zeiten immer nur bestimmte Arten gefangen wurden, macht ersteres wahrscheinlich. Nach sorgfältigen Beobachtungen, ergänzt durch Angaben aus der Literatur, dürften die Haifische im Jahreszyklus den folgenden Weg einschlagen: Antarktis – afrikanische Ostküste – arabisch-indische Küste – Indonesien – australische Westküste – Antarktis. Diese Route umschließt ein Gebiet, das Rudolf Steiner als den untergegangenen lemurischen Kontinent bezeichnet, ein Kontinent, der in der Welt- und Menschheitsgeschichte der Atlantis vorausging. Wir rechneten als Wahrscheinlichkeit aus, daß an der australischen Westküste täglich etwa zwei Millionen Haifische passieren.

Die sonst in den Weltmeeren, im Atlantik und im Stillen Ozean, auftauchenden Haifische sind sogenannte „Scavenger", d. h. Abtrünnige, die sich aus der Migration gelöst haben und auf eigene Faust leben. Solche sind besonders gefährlich und attackieren.

Beim Setzen der Netze mußte vor allem auf die Migrationsrichtung Rücksicht genommen werden, zwar so, daß die Netze senkrecht zur Migration standen. Jeden Morgen wurden die Netze geleert, indem die Boote langsam den gespannten Netzen entlang fuhren. Ein Lupfen mit der Hand an der oberen Korkleine ließ erkennen, wo ein Hai im Netz hing. Dann wurde das Netz hochgezogen, bis der Fisch sichtbar wurde. Er bekam eine Schlinge um die Schwanzflosse, wurde mit dem Kran aufgezogen und aus den Maschen des Netzes gelöst. Das Netz wurde wieder fallen gelassen und der Hai ins Boot gelegt. Auf diese Weise ergaben sich in einem Netz 5 bis 10 Haifische.

Sicherheitshalber hatten wir unsere Fischer mit Revolvern ausgerüstet, bis sich herausstellte, daß das völlig sinnlos war. Jede Kugel prallte am Schuppenpanzer der Tiere wirkungslos ab und gefährdete nur die Kameraden und das Boot.

Wir gaben dann anstelle einer Schußwaffe Keulen aus dem eisenharten Jerrowwood mit ins Boot, die sich bewährten. Es kam nämlich ab und zu vor, daß Haie eben ins Netz gegangen waren und im Boot wieder lebendig wurden. Ein

Tigerhaie

Schlag mit der Keule auf die Kiemengegend rettete dann das Boot und seine Insassen.

Eines Morgens, bei bewegter See, fuhr ich mit hinaus an die Netze. Wir hatten eben einen Kapital-Tigerhai von 6 m Länge ins Boot verbracht, als dieser anfing, um sich zu schlagen, daß die Planken des Bootes erzitterten. Einer meiner Leute ergriff die Keule, um den Schlag zu führen – aber das Tier schnappte nach ihr und zerbiß sie mit einem Krach und mit einer Leichtigkeit, wie wenn man in eine sehr krosse Semmel beißt. Zum Glück hatten wir eine zweite Keule im Boot, die dann ihre Aufgabe erfüllte.

Der Kiefer ist der einzige Knochen, den der Haifisch hat. Das ganze Rückgrat ist eine gelatinöse Masse, die sich in den beiden Kiefern zum Knochen verdichtet hat. Diese tragen 10–12 Reihen hintereinanderliegender furchtbarer Zähne. Eine Fortsetzung dieses Gebisses stellt der Panzer dar, der den Körper allseits umgibt. Er besteht aus lauter kleinen, scharfen Zähnen, die dachziegelartig übereinanderliegen und tief in der Haut verwurzelt sind. Der ganze Haifisch ist Raub-Zahn.

Je nach Alter und Art schwankte die Größe der gefangenen Haie zwischen 1 m und 7 m und die Zahl zwischen 2 und 10 per Netz. Die Tiere sind außerordentlich langlebig und werden 80 bis 100 Jahre alt. Sie sind schon im jugendlichen Alter Kannibalen und fressen ihre eigene Familie. Nach Ehrenreich frißt der Hai täglich sein eigenes Gewicht an Fischen. Wir fanden in seinem Magen nebst den eigenen Artgenossen auch Konservenbüchsen, Schrauben, Schildkröten, Seeschlangen, kurz alles, was vor sein querliegendes Maul zu liegen kommt. Dieses Bild der Gefräßigkeit wird vervollständigt durch den Umstand, daß der Hai seinen Verdauungsapparat nach vorn und hinten ausstülpen kann. Im Grunde genommen ist Schlund – Magen – und

Darm *eine* faltige Röhre, die in der Magengegend etwas erweitert ist. Die Verdauungskraft ist enorm. In einigen Versuchsreihen mit abgestuften Eiweiß-Gelen zeigten Extrakte aus Drüsen, die vermutlich der Pankreasdrüse entsprechen, ein Vielfaches der Verdauungskapazität von Schweinepankreas. Die Mehrzahl der aus den Netzen gezogenen Haie hatte den Magen ausgestülpt aus dem Rachen heraushängend.

Rudolf Steiner hat darauf hingewiesen, daß der Mensch in der lemurischen Zeit einen physischen Organismus hatte, der durch Aus- und Einstülpen seines Inneren, durch Einsaugen seiner Umgebung und Wieder-Ausstoßen den Anfang einer Art Stoffwechsel zeigte. Da der Hai als eine der lemurischen Bildungen gelten kann, darf angenommen werden, daß es sich um ein stehengebliebenes dämonisch-verdichtetes Abbild des damaligen Entwicklungszustandes handeln könnte.*

Die Fruchtbarkeit des Haies ist unvorstellbar groß. Männchen und Weibchen haben doppelte Sexualorgane. Die meisten Arten bringen zweimal jährlich lebende Junge zur Welt. In den beiden Gebärmuttern wurden zuweilen 60 Embryonen gezählt.

---

* Rudolf Steiner schildert in seiner „Geheimwissenschaft im Umriß" die Menschheitsentwicklung in großen Zyklen. Der nachatlantischen Zeit, in deren 5. Kultur wir uns befinden, (es gehen voraus die Alt-Indische, die Persische, die Ägyptische und die Griechisch-Lateinische) gehen Entwicklungszeiten voran, die die atlantischen genannt werden, da sie sich auf einem Kontinent abspielen, der versunken ist und über dem heute die Wasser des atlantischen Ozeans stehen. Ein noch älterer Entwicklungszustand spielte sich auf einem Kontinent ab, den heute die Fluten des Indischen Ozeans bedecken und der Lemurien genannt wird.

Nach Ehrenreich gibt es 514 verschiedene Spezies von Quermäulern (Plagiostomata). Da sind die eigentlichen Haifische einerseits und die Rochen andererseits. Dazwischen rangieren die „Species conjugentes", welche den Körper eines Haifisches und den Kopf eines Rochen haben. Die

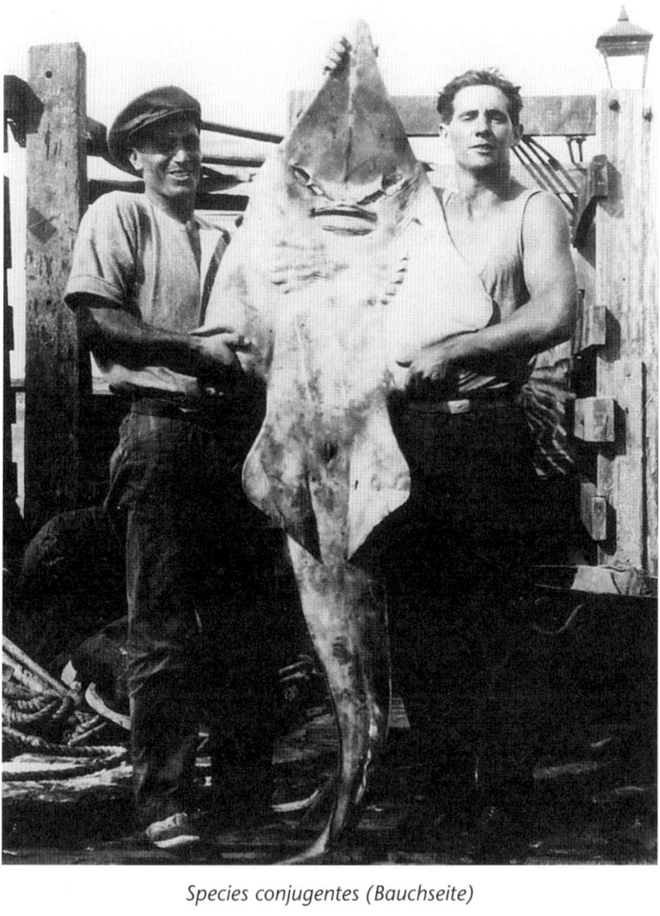

Species conjugentes (Bauchseite)

Bildungsimpulse all dieser Formen lassen sich auf die frühlemurische Zeit zurückführen. Als die Sonne nach der Erdentrennung mit ihrem Bildungsimpuls im Steinbock stand, mußten gehörnte Fische entstehen. Ein Dämon aus dieser Zeit ist der „Teufelsfisch“, ein Rochen mit zwei mächtigen

Hammerkopfhai — enthäutet am »Tripod« mit Riesen-Leber

hornartigen Gebilden, die zum Zubringen der Beute dienen. Denselben Bildungsimpulsen dürften auch der „Sägehai" und der „Hammerkopfhai" ihre Formen verdanken.

Außer den Haifischen fanden wir noch eine Reihe anderer interessanter Tiere in den Netzen, die in ihrer jetzt erstarrten Äußerlichkeit eine Anschauung geben von den Wesen, die einst in der lemurischen Zeit im wässrigen Element lebten. Da fanden wir einen merkwürdigen Fisch mit einem kopfschmuckartigen Nervenbündel, wiederum erinnernd an gewisse Stadien der Entwicklung der Vorläufer gewisser Teile des Nervensystems, wie sie Rudolf Steiner für den lemurischen Menschen schildert. Das seltene Exemplar wurde dem Museum in Perth verehrt.

Raritäten (Sonnenfisch)

Dann kam mehrfach das Wasserschwein (Dugong) in die Netze. Dieses kommt nur an der Westküste Australiens und an der Ostküste von Madagaskar vor, den Rändern des alten lemurischen Kontinents.

Die Boote brachten die Ausbeute zum Jetty, von wo ein kurzer Schienenweg zu den Meatworks führte. Dort wurden zuerst die Flossen abgeschnitten und an der Sonne getrocknet. Die Flossen sind eine geschätzte Delikatesse in China; wir verfrachteten sie nach Shanghai, wo wir auf der Auktion oft ein Pfund-Sterling für ein Pfund Gewicht Flossen erzielten. Wenn man bedenkt, daß ein ausgewachsener Haifisch etwa 50 Pfund Flossen abgibt, wird man nicht erstaunt sein, daß wir mit den Flossen allein die Kosten der Expedition fast deckten.

Dann folgte das Enthäuten der Fische auf Spezialvorrichtungen (Tripods) so, daß die Haut, durch Schnitte längs des Rückens und rund um die Kiemen gelockert, durch 3 Zangen festgehalten wurde und der Körper durch einen Flaschenzug aus der Haut herausgezogen wurde, wie eine Banane aus ihrer Schale. (s. Abb. „Hammerhai" S. 78) Die Haut wurde dann auf Böcken sorgfältig entfleischt, eingesalzen und eingerollt. Auf diese Weise konserviert, hielt sie sich, bis wir in England an die weitere Verarbeitung gehen konnten. Bei dieser Verarbeitung war der wichtigste Vorgang die Entfernung des Panzers. Die Chinesen haben das seit altersher versucht durch Abschleifen der Zähne. Dadurch kommt wohl ein sehr schönes mosaikartiges Muster (Chagrin) zustande, aber die gegerbte Haut ist bretthart, weil die Zahnwurzeln tief in der Haut sitzen bleiben. Solcherart bearbeitete Haut ist daher nur zur Anfertigung von Schmuck-Kassetten oder Truhen geeignet.

Wir haben den Zahnpanzer durch einen chemischen Prozeß entfernt, wodurch es gelang, die mineralische Zahnsubstanz mit scharfen Säuren aufzulösen, ohne daß dabei die Hautsubstanz leidet. Wir machten das in großen Gerberei-Trommeln in 20 bis 30 Minuten mit Hunderten von Häuten gleichzeitig. Das Gerben selbst unterscheidet sich dann nicht mehr wesentlich von der Herstellung von Kalbs- oder Rindsleder. Auf diese Weise haben wir aus der Haifischhaut durch Spalten und stufenweises Beizen alle Ledersorten vom harten Sohlenleder bis zum weichen Handschuhleder gemacht.

Das Leder ist durch seine langfaserige Struktur ausgezeichnet. Die Faserschichten liegen in spitzem Winkel übereinander, so daß es an Zähigkeit und Zugstärke allen üblichen Ledersorten überlegen ist. Wir haben Briefträger beschuht – rechts mit Boxcalf, links mit Haifisch – und haben festgestellt, daß der Boxcalfschuh mehrmals erneuert werden mußte, während der Haifischschuh noch nicht die geringsten Spuren einer Abnützung zeigte. Ich selbst trage heute (d. h. 1965; d. Hrsg.) noch täglich – nach 40 Jahren – eine Aktentasche, die unausgesetzt im Gebrauch war, ohne daß man ihr Alter vermuten würde. Das aus den Lederabfällen isolierte Fasermaterial – schöne, goldgelbseidig-glänzende Fäden – hätte auf Gewebe, z. B. unzerreißbare Strümpfe verarbeitet werden können. Zur Ausarbeitung dieser Methode ist es nicht mehr gekommen.

Wenn nun der enthäutete Hai am Tripod hängt, fällt vor allem die enorme Leber auf (s. Abb. „Hammerhai" S. 78). Der Haifisch hat infolge seiner Gefräßigkeit ständig eine geschwollene Leber, die etwa 10 % seines Körpergewichtes ausmacht. Sie enthält 50–60 % feines, goldgelbes Öl. Der ganze Fisch ist sonst absolut mager, denn sein ganzes Fett ist in der Leber konzentriert. Wir haben die zerkleinerte Leber ganz primitiv in Benzinfässern ausgekocht und das etwas dunkel gewordene Öl an eine englische Firma für einen Pappenstiel verkauft. Es hat mich interessiert – als wir wieder nach England zurückkamen – was mit dem Öl geschehen ist. Ich erfuhr, daß es nach einer einfachen Filtration durch Kohle um den hundertfachen Preis als medizinischer Lebertran verkauft wurde.

Das Fleisch, in Streifen geschnitten und an der Sonne getrocknet, ging weg wie die heißen Semmeln. Wir verkauften es nach Indonesien, wo es sehr gefragt war, weil es nicht eine Spur tranig schmeckte. Ich selbst habe ab und zu frisches, junges Haifischfleisch gegessen und muß sagen, daß es von Thunfisch kaum zu unterscheiden ist.

Was sonst vom Haifisch übrig bleibt, das gelatinöse Rückgrat, die Eingeweide – soweit nicht Leder daraus gemacht wurde – ist auf Fischmehl verarbeitet worden, wofür als Viehfutter ein unbegrenzter Markt besteht.

Nach dieser erfolgreich verlaufenen Expedition kamen wir etwa nach Jahresfrist – mit Zwischenstation in Ceylon, Ägypten (Sudan) – in England wieder an. Während sich nun Ehrenreich um die Formierung einer Firma kümmerte, die sich den Fang und die Verarbeitung der Haifische zur Aufgabe stellen sollte, widmete ich mich der Ausgestaltung der Luxus-Jacht „Istar", die wir gekauft hatten, um sie in eine schwimmende Station umzubauen.

Es galt nun, die entsprechenden Anlagen zu erstellen, und zwar so, daß sie den praktischen Bedürfnissen genügten als auch den Stabilitätserfordernissen des Schiffes. So wurde die Gerberei auf dem Achterdeck eingerichtet, mit Gerbtrommeln, Beizwannen und Äschergefäßen. Die Vakuumtrockenanlage für Flossen und Fleisch befand sich im Mitteldeck und desgleichen die Fischmehlanlage und die Ölextraktion. Das Hauptdeck war für die Manipulation mit

1928

den eingelieferten Haien vorgesehen. Dort waren auch die 10 Motorboote für den Fang untergebracht. Die „Istar" war so für eine tägliche Ausbeute von 30 Tonnen Haifische geplant. Der Laderaum reichte für eine Periode von 100 Tagen.

Zur letzten Vorbereitung und Ausrüstung lag ich mit der „Istar" im Londoner Hafen, zu einer Zeit, da in London die anthroposophische Weltkonferenz tagte (1928). Ich hatte also die Möglichkeit, der Tagung beizuwohnen und meine alten Freunde – vor allem Frau Dr. Wegman, auf deren Initiative die Konferenz zurückging, und meinen Freund aus dem Kriegsministerium Walter Johannes Stein – zu begrüßen. Die „Istar" wirkte auf der Tagung wie eine Sensation, und ich konnte mich auf dem Schiff der Besucher kaum erwehren. Frau Dr. Wegman und Walter Johannes Stein lud ich ein zu einem Diner auf der „Istar". Meine schwarzen Diener servierten, und das ganze romantische Milieu atmete etwas von „Tausend und einer Nacht". Mich beschlich ein sonderbares Gefühl, als ob fern vergangenes Schicksal sich mit Zukünftigem verschlingen wollte.

Nach Tisch hatte ich eine lange Unterredung mit Frau Dr. Wegman. Sie erzählte mir von den Forschungsaufgaben, die von Rudolf Steiner als für die Menschheitsentwicklung notwendig hingestellt worden waren, und wie es an den Menschen mangelte, die solche Aufgaben angehen könnten. Sie lud mich ein, am Klinisch-Therapeutischen Institut in Arlesheim Forschungslaboratorien einzurichten und die Forschungen in Angriff zu nehmen, die Rudolf Steiner so sehr am Herzen lagen. Ich war tief ergriffen von dieser Situation und wäre am liebsten gleich mit ihr abgereist. Ich konnte ihr jedoch keine Zusage machen, denn ich fühlte mich für die Haifischarbeit und alles das, was eingeleitet worden war, verantwortlich. Ein Entschluß in dieser Richtung mußte erst reifen. Das Schicksal half nach.

Die Formierung einer Haifischgesellschaft machte geringe Fortschritte. Nach anfänglichen Erfolgen kamen immer wieder Rückschläge. Der Welt-Leder-Handel ging zur Offensive über und versuchte mit allen Mitteln, diese junge Industrie abzuwürgen. Ich konnte es verstehen, daß der Lederhandel das Haifischleder fürchtete. Wenn ein Zeitgenosse praktisch nur ein Paar Schuhe in seinem ganzen Leben brauchen würde, mußte das ruinös sein für den Lederhandel. Ich verstand es daher auch, daß Intrigen, Drohungen und noch Schlimmeres die Gründung einer Firma zunichte zu machen versuchten. Immer, wenn es endlich zu klappen schien, sprang der maßgebende prosumptive Shareholder ab, und man bekam allmählich den Eindruck, daß das ein abgekartetes Spiel war. Ich erhielt anonyme Drohbriefe, daß man „kurzen Prozeß" mit mir machen werde. Ich kam schließlich zur Erkenntnis, daß wir im Kampf gegen eine gut organisierte Weltmacht den Kürzeren ziehen mußten. Ich riet zu einer ehrlichen Liquidation. Doch Ehrenreich versuchte es noch einmal mit einem französischen Syndikat. Wir fuhren zusammen nach Korsika, wo in Ajaccio ein grosses Gelände mit Baulichkeiten für die Verarbeitung zur Verfügung gestellt werden sollte. Ich machte noch die Pläne für Umbauten und Einrichtungen, während die „Istar" nach Madagaskar in Fahrt gesetzt werden sollte. Doch hatte ich bereits den Entschluß gefaßt, mich aus den Zusammenhängen zu lösen und fuhr statt nach Madagaskar nach Arlesheim in die Schweiz (Anfang 1929; d. Hrsg.).

Die „Istar" aber ging vor Madagaskar unter. Menschenleben waren nicht zu beklagen. Es soll ein ganz gemütlicher Untergang gewesen sein. So ging ein Lebensabschnitt zu Ende und ein neuer begann. Ich hatte in dieser Zeit die Lebensmitte eben überschritten.

ERFÜLLUNG

Dr. Ita Wegmans Forschungsauftrag

Als ich in Arlesheim ankam, war es wie eine Heimkehr. Das „Klinisch-Therapeutische Institut" war eine kleine medizinische Fakultät.

Die Ita Wegman-Klinik im Jahre 1997

Zeitweise arbeiteten dort 8–10 Ärzte bei einer Belegzahl von 20–30 Patienten. Es gab zwar noch eine umfangreiche Ambulanz, die das finanzielle Traggerüst der Klinik bedeutete, aber jeder der Ärzte bearbeitete ein spezielles Forschungsgebiet.

In den regelmäßig stattfindenden „Ärzteabenden" wurden nicht nur die Patienten durchgesprochen, sondern auch die Erfahrungen und Forschungsergebnisse ausgetauscht und diskutiert. Sehr fruchtbar war auch immer das Ärztefrühstück, wo so manche Initiative geboren, verworfen und wiedergeboren wurde. Frau Dr. Wegman war kein bequemer Chef. Oft änderte sie die Direktiven gegen unsere Einsicht, bis es sich nach einiger Zeit herausstellte, daß ihr Entschluß richtig war. Ich fühlte mich aufgenommen von einer Pioniergruppe, die, in einfachsten äußeren Verhältnissen lebend, einem geistigen Ziel zum Durchbruch verhelfen wollte.

Die Schulwissenschaft war immer mehr in den Materialismus hineingeraten, was sich insbesondere in der Medizin verhängnisvoll auswirkte. Die Erkenntnisgrenzen wurden immer enger gezogen, die Quantität nach Maß, Zahl und Gewicht triumphierte über den Sinn für Qualitäten. Der menschliche Organismus hatte sich in Zellen und Zellverbände aufgelöst, wie die Stoffeswelt in Atome zerfallen war. Die höheren Zusammenhänge von Welt – Erde – Mensch waren vergessen oder als absurd abgelehnt. In dieses materialistische Nebeneinander rein naturwissenschaftlicher Tatsachen, die als gewiß wertvolles Material heute vorliegen, leuchtete die Geisteswissenschaft Rudolf Steiners ordnend, sichtend und ergänzend hinein. Wir betrachteten es als unsere Aufgabe, dieses Licht fruchtbar zu machen und damit den Heilerwillen neu anzufachen, der in der Welt allenthalben in der Kälte rein wissenschaftlicher Menschenbetrachtung zu erlahmen drohte.

Ich war mit Ehrenfried Pfeiffer befreundet, der am Goetheanum in Dornach das naturwissenschaftliche Laboratorium leitete. Ich besuchte ihn oft, und wir arbeiteten eine zeitlang miteinander. Was uns besonders am Herzen lag, war das Studium der Elemente und der ätherischen

Bildekräfte. Wir wußten, daß über der Welt des Stofflichen ein Reich des Wirkenden webt, ein Reich, in welchem die Schöpferkräfte noch nicht in die Fixität der Materie erstorben sind. Es war unser Anliegen, dieses Reich der „Bildekräfte" dem Experiment zugänglich zu machen.

Als Ausgangspunkt wählten wir das Phänomen der Eisblumen. Wenn man im Winter die Eisblumen an Schaufenstern betrachtet, dann fällt es auf, daß diese vor einem Blumenladen ganz anders geartet sind wie die vor einem Metzgerladen. Wir versuchten nun, Extrakte aus den verschiedensten Pflanzen zu verdunsten und die aufsteigenden Dünste auf Glasgefäßen, die mit einer Kältemischung gekühlt waren, niederzuschlagen. Die so erhaltenen Eisblumen wurden fotographiert und miteinander verglichen. Tatsächlich gelang es auf diese Weise, die für verschiedene Pflanzen charakteristischen Formen zu finden, und sie damit in ihrem höheren Aufbau zu identifizieren. Wir versuchten dann, die Formtendenzen kristallisierender Salze durch Extrakte von Pflanzen zu beeinflussen. Zum Beispiel ließen wir eine Lösung von Glaubersalz, der wir einen Tropfen eines Pflanzensaftes zugefügt hatten, auskristallisieren und konnten feststellen, daß die einzelnen auskristallisierenden Nadeln sich zu charakteristischen Gestaltungen fügten. Pfeiffer ging dann über zu Kupferchlorid, welches ein so empfindliches Reagenz für Bildekräfte darstellte, daß auch Formtendenzen im Blut nachweisbar waren. Das war der Anfang der heute vielfach angewandten Kristallisationsdiagnostik. (Pfeiffer „Kristalle", 1930, Selawry „Kupferchloridkristallisation in Naturwissenschaft und Medizin", 1957).

Ich selbst verwendete in meinen weiteren Arbeiten das Kaliumnitrat, insbesondere in der speziellen Ausarbeitung als „Kletterkristalle". Die letzteren zeigten ein Anklingen an die etwa gleichzeitig von L. Kolisko entwickelten „Steigbilder". („Working of the stars in Earthly Substances", 1928). Ich erinnerte mich dabei immer an meine Kindheit, wo in der Schule des öfteren ein dicker Tintenklecks auf ein Schulheft fiel. Je nach Temperament wurde dann entweder mit einem Löschblatt darüber gestrichen und damit die Katastrophe meistens vergrößert, oder besinnlich zuerst die Fülle des Kleckses mit der Ecke des Löschblattes abgesaugt, und ich selbst hatte dann immer noch die Freude, die schönen Formen, die die Tinte auf dem Löschblatt zeichnete, zu bewundern. So offenbart auch ein Pflanzensaft, der in einem ungeleimten Papier (Filtrierpapier) aufsteigt, die in ihm wirksamen Bildekräfte in Formen und Farben. Diese „Kapillardynamische Methode" habe ich als Test für alle biologischen Prozesse weiter bearbeitet und auch später in meinen Betrieben zu Testzwecken immer angewendet. Gewiß wird heute diese Methode als „Chromatographie" zur Analyse und Feststellung gewisser Pflanzen-Bestandteile in der Pharmazie auch gebraucht, aber die tieferen Zusammenhänge des lebendigen Ineinanderwirkens der Bildekräfte nicht beachtet. Es handelt sich bei der Auswertung der Steigbilder auch weniger um eine Analyse als um eine Synthese. Selbstverständlich zeichnet das Steigbild auch die Ordnungskräfte des Blutes. So hat der auch im „Klinisch-Therapeutischen Institut" mitarbeitende Dr. med. W. Kaelin diese Methode zur „Frühdiagnose des Krebses bzw. der Krebspsyche" entwickelt. (Kaelin „Krebsfrühdiagnose – Krebsvorbeugung", 4. erweiterte Auflage 1966).

Mit E. Pfeiffer studierte ich die Wirksamkeit der „Sphären" – einer gänzlich unorthodoxen Idee entspringend. Wir gingen von der Annahme aus, daß gewisse Materialien für die Bildekräfte durchlässig sein müßten, wie das Beispiel der Eisblumen zeigt. Ein solches Material ist Glas – am besten Quarzglas. Wie sich später zeigte, ist es Kunststoff (Plexiglas)

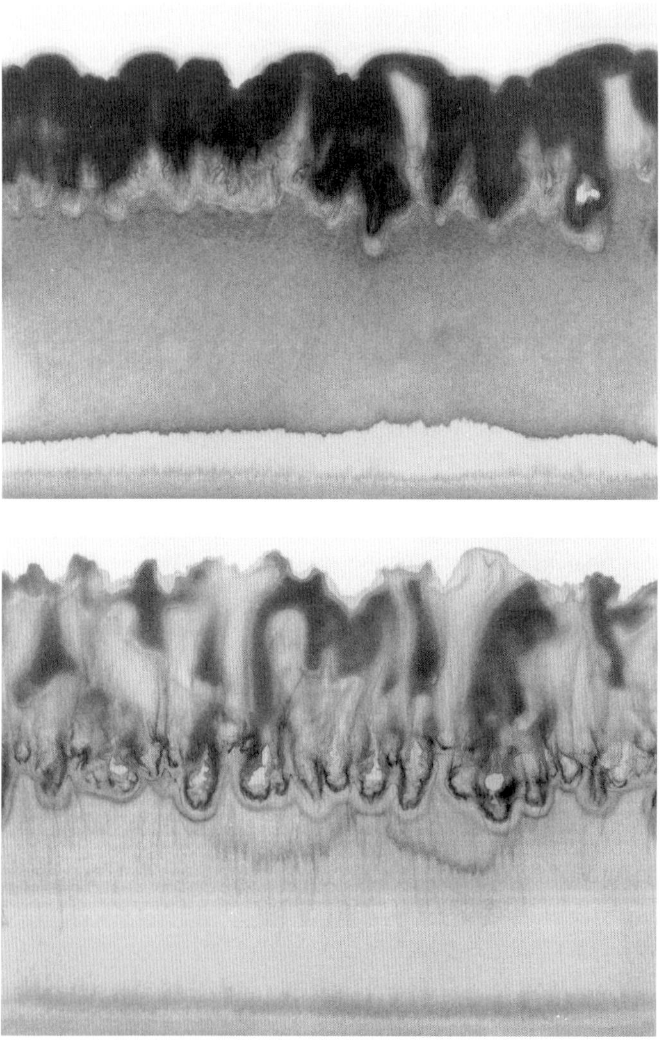

Steigbilder eines Alraunen-Ansatzes (Mandragora off.)
vor u. nach Rhythmisierung

nicht. Wir schufen also Experimentierräume, die ringsum von einer bildekräftig wirksamen Flüssigkeit (Salzlösungen, Pflanzenextrakte, Aufbereitungen von Tierorganen) umgeben waren und beobachteten anhand von Wachstumsversuchen und Kristallisationen die Wirkung.

Die damit gewonnenen Erfahrungen kamen mir bei meiner Arbeit über die Vitamine zugute, die ich zusammen mit G. Wachsmuth und G. Suchantke durchführte. Es ergab sich dabei die Identität der Vitamine mit den Bildekräften Wärme (A), Licht (C), Ordnung bzw. Klang oder Chemismus (B) und Form bzw. Sinn (D). („Ernährung als kosmischirdisches Kräftespiel", Natura 1929).

Ernährungsfragen beschäftigten mich weiterhin intensivst. Wenn man an den Grundlagen unserer Ernährung rüttelt, muß man bei der Landwirtschaft anfangen. Die fortschreitende Korrumpierung unserer Gärten und Ackerböden mit Kunstdünger und Insektiziden läßt das Gespenst einer chronischen Vergiftung und einer Welt-Hungersnot immer drohender in Erscheinung treten. Die Heilung der mißbrauchten Erde ist jedem verantwortungsbewußten Weltbürger ein dringendes Anliegen.

Gewiß kann man durch Kunstdüngergaben den momentanen Ertrag vorübergehend erhöhen – aber es wirkt wie eine Peitsche, die den müden Gaul zu neuen Anstrengungen zwingt, bis er erschöpft zusammenbricht. So weiß man heute, daß immer größere Mengen von Kunstdünger erforderlich werden, um die Erträge einigermaßen quantitativ auf der Höhe zu halten – auf Kosten der Qualität. Und eines Tages muß der Zusammenbruch erfolgen, wenn in dieser Weise weitergewirtschaftet wird. Die Liebigschen Stoffesbilanzen sind im Lebendigen nicht anwendbar. Die Einführung des materialistischen Kausalitätsdenkens in die Landwirtschaft hat zu Irrtümern geführt, die uns der Katastrophe entgegentreiben. Im Lebendigen herrschen andere Gesetzmäßigkeiten als im Ablauf chemischer Prozesse.

Durch die Insektizide wird nicht nur das biologische Gleichgewicht im Haushalt der Natur zerstört, sondern vor allem nachhaltige Schäden im menschlichen Organismus hervorgerufen. Es gibt ja kaum mehr Obst oder Gemüse, das nicht damit behandelt ist. Wenn auch die Folgen oft nicht sofort sichtbar werden, so ist doch das Integral der immer wiederkehrenden Insulte oft eine schwere Erkrankung. Das Gift wird heute schon aus Flugzeugen auf die Fluren verspritzt, dringt in die Erde ein und ist aus den Böden jahrelang nicht zu entfernen. Bienenvölker werden vernichtet, die Vogelwelt stirbt aus, und wir werden – wenn es so weitergeht – bald den „stummen Frühling" erleben. (R. Carson)

Rudolf Steiner hat 1922 im landwirtschaftlichen Kurs in Koberwitz* die Grundlagen einer Heilung der Erde gegeben. In der Biologisch-Dynamischen Landwirtschaft wird versucht, diese in die Praxis umzusetzen. Frau Dr. Wegman lag diese Seite des universell-therapeutischen Wirkens sehr am Herzen, und sie förderte die Zusammenarbeit mit dem Forschungsring der Biologisch-Dynamischen Wirtschaftsweise in jeder Hinsicht.

So kam es auch, daß ich mit ihr zusammen die Grundlinien einer neuen Brotbereitung erarbeitete. Rudolf Steiner hatte angegeben, daß unser Zeitalter ein neues Brot nötig hätte. Die Entwicklung des Brotes vom Brei über Fladen, Sauerteigbrot, Hefebrot bis zum Backpulverbrot zeigt nicht nur die fortschreitende Mineralisierung infolge der Qualität des Getreides sondern auch durch die Mittel der Herstellung. Nach Rudolf Steiner sollte das zeitgemäße Brot weder

---

* Dieser Kurs liegt in gedruckter Fassung unter dem Titel „Geisteswissenschaftliche Grundlagen zum Gedeihen der Landwirtschaft" vor. (GA Nr. 327)

mit Sauerteig noch mit Hefe oder Backpulver hergestellt werden, sondern mit Honig und Salz. Umfangreiche Versuche ergaben den Sinn dieser Anregung. Es zeigte sich, daß ein solches Brot nur mit biologisch-dynamischem Getreide gelingt und zwar nur frisch geschrotet. Länger lagerndes Mehl verliert die frische Lebendigkeit des Kornes. Am besten ergab sich eine Mischung der vier Getreidearten Weizen, Roggen, Gerste und Hafer. („Das Brot und die Erde", Natura 1930).

Die Klinik hatte eine Dependance im Hause „Holle", wo wir einen Holzbackofen hatten. Dort stellte ich mit der Hilfe eines Bäckergesellen das Honig-Salzbrot für die Klinik her. Nach einiger Zeit führte Dr. Diefenbach den Betrieb weiter, der heute eine größere Firma darstellt.

Die Arbeiten brachten mich in Berührung mit der Reformbewegung. Eine mehr oder minder lose Zusammenarbeit ergab sich mit „Drebbers Diätschule" und vorübergehend auch mit der „Neuform".

Frau Dr. Wegman versuchte besonders in England das Verständnis für eine zeitgemäße Ernährung zu wecken. Rudolf Steiner lag es sehr daran, die Anthroposophie in England voranzubringen, und er erwartete immer mit Spannung die Berichte über die Mitgliederzahl. Als ihm 500 gemeldet wurden, soll er geäußert haben: „500.000 sollten es sein!" Frau Dr. Wegman aber war überzeugt, daß eine Spiritualisierung der Gedanken nur auf der Grundlage einer vernünftigen Ernährung möglich würde. Wir hatten in London ein Therapeutikum, ein dreistöckiges Haus in Kent-Terrace, in der Nähe der Rudolf Steiner Hall, mit ärztlichen Behandlungszimmern, Therapieräumen für Massage, Heileurythmie, Heilmalen und Bädern. Frau Dr. Wegman reiste häufig hinüber, sah Patienten und schaute nach dem Rechten. Meist habe ich sie auf diesen Reisen begleitet. Bei einer solchen

Gelegenheit erwarb sie ein kleines Restaurant, und ich mußte abends den Gästen Vorträge halten.

An der Klinik in Arlesheim gab es mehrmals im Jahr Ärztetagungen, wo sich die anthroposophisch orientierten Ärzte aus aller Welt zusammenfanden: aus der Schweiz, aus Deutschland, Österreich, Holland, England, Frankreich und Skandinavien. Vorträge und Aussprachen brachten nicht nur eine Bereicherung und Klärung des Wissens, sondern auch persönliche Freundschaften, die mich wieder ins Ausland führten, wo ich zu Vorträgen eingeladen wurde.

Außerdem lief an der Klinik durch das ganze Jahr hindurch ein Kurs für Jungmediziner, Studenten, die ein oder mehrere Semester an der Universität in Basel studierten und bei uns in Arlesheim die Orientierung zur anthroposophischen Medizin empfingen.

Überdies gab es den kontinuierlich laufenden „Schwesternkurs", ein Kurs, in welchem nicht nur Pflegepersonal, sondern alle in Heilberufen Tätigseinwollenden eine Ausbildung erhielten.

Frau Dr. Wegman hatte im „Sonnenhof" in Arlesheim ein Zentrum für die Heilpädagogik geschaffen. Der „Sonnenhof" war eine Dependance der Klinik und wurde dann durch Erweiterungsbauten zu einem stattlichen „Heilpädagogischen Institut". In ähnlicher Weise entstanden solche Institute auch in anderen Ländern. Die Ausbildung der Heilpädagogen erfordert ja zwar eine besonders sorgfältige und pädagogisch sachkundige Führung, die in den Instituten selbst gepflegt wird, aber die Jüngeren nahmen auch an den Schwesternkursen teil.

In all diesen Unternehmungen hatte ich zu unterrichten, und zwar in Stoffeskunde, Botanik, Ernährung und Heilmittellehre.

Die Beziehungen, die ich schon in meiner Jugend zu den Stoffen hatte, waren inzwischen durch die Einsichten, die ich aus der Anthroposophie gewonnen hatte, klarer geworden. Was ich damals ahnte – und wohl auch als Realitäten hinter den Wesen der Märchen vermutete – war jetzt zum Wissen geworden. Die Welt der ätherischen Bildekräfte, die an unsere stoffliche Welt angrenzt und sie belebt, wird ja ihrerseits impulsiert von den Sternenwelten. Tierkreis und Planeten wirken in vielschichtigen Offenbarungen in unser Dasein herein. Eine der Offenbarungen ist unsere menschliche Sprache. Konsonanten und Vokale werden durch unseren Kehlkopf mit Hilfe der Sprachwerkzeuge (Rachen, Zunge, Zähne, Lippen) hervorgebracht. Aber so wie der ganze Mensch ein Mikrokosmos ist, so ist der Kehlkopf innerhalb dieses Mikrokosmos ein schöpferisches Organ, das die Kräfte des Makrokosmos wie ein Echo handhabt. Aus den Tierkreiskräften formt es die Konsonanten und aus den Planetenkräften die Vokale. Konsonanten und Vokale bilden außerhalb der Lippen tönende Luftformen, die man sehen kann, wenn man gegen eine Flamme spricht. Jeder Laut zeigt da seine charakteristischen Formen.

Rudolf Steiner hat in der Eurythmie als „sichtbare Sprache" eine Bewegungskunst entwickelt, die diese Beziehungen darstellt. Jedes der Tierkreisbilder zeigt eine Geste, aus der sich der Konsonant entwickelt, und so aus der Geste der Wandelsterne die Vokale.

Ich hatte selbst jahrelang die Eurythmie geübt und mich in das Wesen der Sprache auf diese Weise eingelebt. Wenn ich so die Tierkreisgebärden und diejenigen der Wandelsterne innerlich erlebte und gleichzeitig als Chemiker das Stoffeswesen kannte, dann erschienen mir die Kongruenzen zwischen Sternenwelten, Sprache und Stoffen unabweisbar. Die Sphären – das Schöpferische Wort – vermenschlicht in unserem Sprechen, finden ihren Abdruck im Naturwesen – als das Ende der Wege Gottes. So entstand eine Stoffeskunde, die in unorthodoxer Weise Welt, Erde und Mensch zu verbinden suchte. („Die Erdenstoffe als Ausdruck der Gebärdensprache des Tierkreises", Natura 1932).

Zu dieser Zeit beschäftigten mich „Die Rätsel der Philosophie". Rudolf Steiner erwähnt da den Philosophen des Goetheanismus, W. H. Preuss, den er als einen Vertreter des Monismus darstellt. Er lehrte die Einheit von Geist und Stoff; Stoff sei nichts anderes als Geist auf einer tieferen Seinsebene. Sein Werk „Geist und Stoff" (1899) konnte ich in der Staatsbibliothek in Wien studieren, und habe da den Hinweis auf die Experimentalarbeiten eines hannoveranischen Gelehrten gefunden. Albrecht Frh. von Herzeele wird von Preuss als Kronzeuge dafür aufgerufen, daß „die Unveränderlichkeit der chemischen Elemente eine Fiktion ist, von der wir uns schleunigst losmachen müssen, wenn wir in der Erkenntnis der Natur vorwärts wollen".

Ich war nun darauf aus, die Schriften von Herzeeles aufzufinden. Zu diesem Zweck korrespondierte ich fast mit der halben Welt – aber keine Universität und keine Bibliothek von Ruf kannte diesen Namen. Endlich gelang es den Bemühungen meines Freundes Dr. Rudolf Sachtleben, einige der Schriften in einer kleinen Bibliothek Berlins zu entdecken. Ich hatte den starken Verdacht, daß das Verschwinden dieser Schriften nicht ungewollt war – „weil nicht sein kann, was nicht sein darf".

Von Herzeele hatte nämlich in seinen Arbeiten, die etwa um das Jahr 1879 herauskamen, in mehr als 500 Analysen den Nachweis erbracht, daß die mineralischen Bestandteile der Pflanze originär entstehen. Er analysiert Samen auf ihre mineralischen Bestandteile, läßt sie in destilliertem Wasser keimen und analysiert die ausgekeimten Pflänzchen abermals. Dabei findet er in der Regel eine Zunahme der mineralischen Substanz um 20–100 Prozent. Im Organischen – so schreibt er – sei die Entstehung elementarer Stoffe ein alltäglicher Vorgang. „Das Lebendige stirbt, aber das Tote wird nicht geschaffen – Nicht der Boden bringt die Pflanze hervor, sondern die Pflanze den Boden – Das erste Milligramm Kalk auf der Erde ist nicht älter als die erste Pflanze, der es sein Dasein verdankt."

Das war Wasser auf meine Mühle. Die Imagination der Hyperbel meiner Jugendjahre war um eine Nuance heller geworden. Sie war der Anlaß, daß ich in jahrzehntelangen Experimentalarbeiten versuchte, die Angaben von Herzeeles zu bestätigen und zu erweitern (Substanzlehre, 1941).

Die erste Auflage meiner „Substanzlehre" wurde im dritten Reich beschlagnahmt und eingestampft. 1946 erfolgte die zweite Auflage und bald darauf die dritte. Da geschah es eines Tages, daß ich einen Brief aus Frankreich erhielt, in welchem ein Monsieur Spindler mir in jubelnden Worten mitteilte, daß er unabhängig zu gleichen Resultaten gekommen sei. Spindler leitete das Laboratoire Maritime de Dinard an der bretonischen Küste und hatte sich längere Zeit mit dem Jodgehalt der Algen beschäftigt. Er hatte gefunden, daß das Jod im geschlossenen System im Organismus der Algen originär entsteht. „Das Jod in den Algen muß in einer Form existieren, die noch nicht die Fixität eines chemischen Elementes besitzt", schreibt er in seiner Abhandlung in den Bulletins. In gleicher Weise hat er bald darauf die originäre Entstehung des Kaliums nachgewiesen und veröffentlicht. Diese Publikationen brachten ihn in große Schwierigkeiten mit seinen vorgesetzten Behörden. Da fiel ihm meine Substanzlehre in die Hände, und er sei beinahe an die Decke gesprungen vor Freude – so schrieb er – daß er nicht allein stehe im Kampf um die Wahrheit. Wir lernten einander bald persönlich kennen. Ich war beglückt über die geniale Art, mit der er immer neue Versuchsanordnungen erfand, und über den Schwung seiner Ideen, denen ich zwar nicht immer zustimmen konnte, die mich aber tief in das Studium der rosenkreuzerischen Alchemie hineinführten. Spindler hatte weitreichende Beziehungen zur chemischen Industrie Frankreichs und zu Kreisen der Wissenschaft, die nicht mehr so 100 % orthodox eingestellt waren. So kannte er M. Baranger, Professor und Institutsvorstand am Polytechnikum in Paris. Als ich diesen dort besuchte, hatte er eben seine große Arbeit über die v. Herzeeleschen Versuche abgeschlossen und veröffentlicht. „Ich verstehe" – so sagte er – „daß man nach dem Fehler, dem Irrtum sucht, der alles, was wir gefunden haben, umwerfen könnte. Aber bisher hat man nichts erreicht. Die Phänomene liegen vor: Die Pflanzen wissen die Umwandlung der Elemente zu vollbringen. Das Skandalöse ist Tatsache geworden". Diese Sätze verraten, wie heftig die Anfeindungen gewesen sein müssen, denen er ausgesetzt war.

Im weiteren Verfolg der Substanzforschungen wurde mir die Hilfe von Herbert Spranger zuteil. Er war seit jeher mein Freund. Seine geniale Spiritualität, verbunden mit seinem treffsicheren aber warmen Berliner Humor, öffnete ihm viele Herzen. Er war als Autodidakt ein Könner auf vielen Gebieten. So beschäftigte er sich seit Jahrzehnten mit der Beziehung der Meteorologie zum Sternenhimmel. Er zeichnete sorgfältig die Witterungsdaten mit ihren Zusammenhängen mit Sternkonstellationen, besonders aber die des Mondes auf und brachte sie in Form von Kurven. Er besuchte mich oft in meinen Laboratorien und half mir gelegentlich bei der Auswertung meiner Substanzkurven. Da fielen ihm die Ähnlichkeiten meiner Substanzkurven mit seinen meteorologischen Kurven auf. Die Verarbeitung des vorliegenden

Kurvenmaterials erlaubte die Feststellung der Kongruenz der originären Substanzbildung auf Erden mit den meteorologischen Vorgängen im Luftorganismus der Erdhüllen.

Wenn eben gesagt wurde, daß die Sternenwelten in vielschichtigen Offenbarungen in unser Dasein hineinwirken, und daß durch unsere Sprache die Beziehung zwischen Sternen und Stoffen deutlich wird, so muß jetzt hinzugefügt werden, daß die Lufthüllen der Erde in dieses grandiose Geschehen eingegliedert sind. (Heilmittellehre, 1965) Die Bildungsimpulse aus dem Kosmos dringen durch die Sphären der Elemente in immer dichtere Schichten, bis sie zuletzt im Stoff gerinnen.

Auch die Pflanzenwelt – so schien mir – gibt ein solches Schichtbild. Weltenkräfte formen die Pflanze von außen. Innerlich ist sie nur Leben – aber das Weltall prägt sie in ihren unzähligen Formen. Es sind Sternenkräfte – Ausdruck der Weltenseele – die wir an den Pflanzengestaltungen ablesen können. Rudolf Steiner gab die Anregung, eine Pflanzensystematik zu entwickeln, die sich aus der Beziehung der Pflanze zur Entfaltung der Menschenseele ergibt. Die Sternenseele spiegelt sich an der Pflanze, und die Menschen-Schwesternseele zeigt in ihren Entwicklungsstufen wie in einer Resonnanz vom Kind bis zum Erwachsenen die Merkmale der Pflanzenfamilien von den Einzellern bis zu den Korbblütern auf. So entstand eine Pflanzenbetrachtung, die im Unterricht viel Freude machte und von den Abstraktionen des Linnéschen Systems befreite. Zudem ergaben sich bei dieser Blickrichtung Gesichtspunkte für die Therapie.

Das Studium der Pflanze brachte es mit sich, daß sich immer klarer die Frage nach dem „Ätherischen Raum" im Gegensatz zum Erdenraum herausschälte. Die Hyperbel, deren Äste ins Unendliche gehen und von dort wieder zurückkommen, ließ eine mathematische Lösung als möglich erscheinen. Schon das Ende des vorigen Jahrhunderts brachte Bemühungen von Mathematikern, die der analytischen Geometrie eine synthetische Geometrie entgegensetzten. Aber erst die grandiosen Arbeiten meines Freundes George Adams („Strahlende Weltgestaltung") und die von ihm geprägten Begriffe von Raum und Gegenraum ließen mich das Wesen des Ätherischen in den neuen mathematischen Ausdrucksformen klar erkennen.

Die Lemniskate – als das Resultat der Durchdringung von Sonnenraum und Erdenraum – ist das mathematische Urbild der Pflanze. Der Erdenast der Lemniskate, hervorgegangen aus dem Euklidischen Kreis, der ganz auf seinen eigenen Mittelpunkt orientiert ist (geometrischer Ort aller Punkte, die von einem Punkt gleich weit entfernt sind), ist der Ort des radial in das Schwerefeld der Erde eindringenden Wurzelsystems. Der Sonnenast der Lemniskate aber ist die Urform der blätterumhüllten Knospe. In ihr spielt sich das geheimnisvolle Leben, Werden und Reifen der Pflanze ab, das sich entgegen der Schwere vollzieht, alles bestimmt und geordnet von der Unendlichkeit der Weltenperipherie (Adams, Die Pflanze zwischen Erde und Kosmos; Heilmittellehre, 1965).

Es war mir ohne weiteres verständlich, daß dieses lemniskatische Prinzip auch für den menschlichen Organismus von großer Bedeutung ist und in der praktischen Handhabung therapeutischer Maßnahmen vielfach richtunggebend sein kann. Frau Dr. Wegman ließ so z. B. durch Dr. Stavenhagen (meine spätere Frau) eine Massage ausarbeiten, die, durch geisteswissenschaftliche Erkenntnis befruchtet, auch auf das Zueinanderwirken von physischen Schwerekräften und ätherischen Auftriebskräften Bezug nimmt und gleichermaßen die beides verbindenden lemniskatischen Formen in die Massagegriffe einfließen läßt. Druck und Saugwirkung der massierenden Hände wechseln sich in rhythmischer Folge ab und können entsprechend ausgewertet werden.

In diese Zusammenhänge sei folgendes eingeschaltet: Wenn Rudolf Steiner darauf hingewiesen hat, daß das Bilden und Üben solcher mathematischer Vorstellungen vom Range derjenigen Übungen ist, die in dem Buche „Wie erlangt man Erkenntnisse der höheren Welten" angegeben sind, so darf gesagt werden, daß mir diese Erkenntnisse im Verlaufe meines ganzen Lebens seit der Auseinandersetzung mit der Hyperbel unmittelbares Erlebnis geworden sind. Die Frage, wie man die Erkenntnisgrenzen wieder erweitern kann, bewegt naturgemäß das Gemüt jedes Schülers Rudolf Steiners. So anfänglich all unsere Bemühungen in dieser Richtung erst sein können, eines ist gewiß, der Beginn für den Naturwissenschaftler und Arzt liegt in einem Fortsetzen der Bemühungen Goethes in seiner Haltung den Phänomenen gegenüber, daß diese durch intensive und immer wiederholte Betrachtung und Beobachtung sich selbst aussprechen können. Unter Verzicht auf Theorien, die den Blick trüben und vorzeitig einengen, muß eine echte Realisierung dessen angestrebt werden, was Goethe als „anschauende Urteilskraft" bezeichnete.

Es leuchtete mir daher ein, daß Rudolf Steiner seine Schüler zum scharfen Beobachten zu erziehen versuchte. Er legte großen Wert z. B. auf die Beobachtung der Wolkengebilde und ihrer Metamorphosen in der Zeit; er verlangte, daß man sich an die Farbe der Krawatte erinnere, die der Herr getragen hatte, mit dem man tags zuvor gesprochen hatte. Es gibt genügend Beispiele, die zeigen, daß Rudolf Steiner nicht nur über höhere Fähigkeiten, d. h. die Beobachtung geistiger Tatsachen verfügte, sondern auch in der Sinneswelt äußerst scharf beobachten konnte. Wenn er experimentelle Aufgaben verteilte und ihm die Resultate gezeigt wurden mit den bedauernden Bemerkungen, man sehe nichts, war es öfter der Fall, daß er dem erstaunten Experimentator erst sein eigenes Resultat zeigen mußte.

Eine amüsante Geschichte erzählte man sich von Dr. Eugen Kolisko: Dr. Steiner hatte ein Heilmittel gegen Maul und Klauenseuche – ein präparierter Kaffeeabsud – angegeben, und Dr. Kolisko sollte es ausprobieren. Das Präparat sollte dem Rind bis nahe an den Kollaps eingeflößt werden. Dr. Kolisko versuchte es, aber es gelang nicht. Als dann Dr. Steiner geholt wurde, funktionierte die Methode tadellos. Da meinte Kolisko: „Ja, Herr Doktor, Sie haben's halt leicht, Sie san halt hellsichtig!" Etwas unwillig habe Dr. Steiner erwidert: „Das hat mit Hellsichtigkeit zunächst nichts zu tun, machen Sie gefälligst die Augen auf!" So wurde immer wieder auf die genaue Wahrnehmung in Nähe und Fernen hingewiesen und versucht, die Wahrnehmungskraft wacher und in sich reger zu machen. Um das Miterleben mit den wechselnden Naturstimmungen in den Jahreszeiten zu intensivieren, schuf Rudolf Steiner den „Seelenkalender", eine Sammlung von Sprüchen, die Mensch und Natur, Mikro und Makrokosmos in geistgemäßer Weise verbinden. In diesen wird das Ausweiten der wahrnehmenden Seele in den Kosmos hinaus in den Sommermonaten zum Erlebnis gebracht; und wenn es in einem der Juni-Wochensprüche heißt: „Verlieren kann das Menschen-Ich und finden sich im Welten-Ich", so glaube ich, daß damit ausgedrückt ist, daß in einem solchen Augenblick die Begegnung mit den Weltgedanken möglich ist und daß wir allmählich beginnen sollen, durch die sinnliche Wahrnehmung hindurch die geistigen Hintergründe erkennen zu lernen. Heute sind es wohl noch Ahnungen, Ideen, die beim Anblick eines Phänomens aufleuchten können und in künstlerischem Erfassen Gestalt zu gewinnen vermögen. Goethe ist, wie gesagt, diesen Weg gegangen, und ich glaube, daß künstlerisches Empfinden in aller Wissenschaft ein bedeutendes Wort mitzusprechen hätte. Rudolf Steiner hat darauf hingewiesen, daß es schwierig sei, die geistigen Eindrücke festzuhalten im Bewußtsein, weil sie verflüchtigen; leichter sei das in Gemeinschaft, wo im Gespräch die Einsichten formuliert, gegenseitig abgeklärt und in logische Formen und Begriffe geprägt werden müssen. So sehen wir ja auch Goethe immer wieder das Gespräch suchen. Die Klinikgemeinschaft, vereint durch das gemeinsame Ziel, aber aus sehr differenzierten Persönlichkeiten bestehend, war eine mit sich selbst und ihren Aufgaben ringende. Was ich am meisten an Frau Dr. Wegman bewunderte, war die Art, wie sie dieser Gemeinschaft vorstand, alle impulsierend und dennoch letztlich frei lassend, bereit, jeden anzuhören, vom letzten Küchenmädchen bis zum Stationsarzt, die sich reibenden und verwirrenden Schicksalsfäden mit – man muß schon sagen – weisheitsvoller Einsicht in die tiefere Natur der Menschen lösend und in ihre wahre Richtung weisend. Menschenliebe und Welterfahrung sprachen aus ihren Ratschlägen. Immer ging es ihr um das Wesen, um die spirituelle Substanz, alles intellektuelle Brillieren war ihr in tiefster Seele verhaßt.

Meine Hauptarbeit an der Klinik war das Suchen nach neuen Wegen der Heilmittelherstellung. Rudolf Steiner hatte zu Frau Dr. Wegman – und gelegentlich auch zu anderen Persönlichkeiten (z. B. Dr. Kurt Magerstädt; d. Hrsg.) – geäußert, daß man in unserem Zeitalter nach ganz neuen Wegen der Heilmittelzubereitung suchen müsse, insbesondere sei es nicht angängig, die Heilflüssigkeiten durch Extraktion mit Alkohol herzustellen, wie das seit 2000 Jahren geschehe.

Der Alkohol hatte ja in der Antike eine besondere Mission. Der Weingenuß wurde noch durch die Mysterien Griechenlands gefördert; die Bacchanalien zeugen von der Bedeutung, die dem Wein zugekommen ist. Der Alkohol hatte damals die Aufgabe, die Menschen aus ihrer Familien und Sippengebundenheit zu lösen. Der Weg des Menschen zur Freiheit, zum Erleben des isolierten Selbstbewußtseins mußte durch die dunklen Pfade des finsteren Zeitalters gegangen werden. Der Mensch mußte vom Geiste, von seinem höheren Ich, abgeschnitten werden, um sich als Erden-Persönlichkeit zu erleben. Heute aber haben wir die Schwelle zum lichten Zeitalter wieder überschritten, und unsere Aufgabe ist es nunmehr, als Individualisten den Weg zum Geiste, zu unserem höheren Ich zurückzufinden. Ich erinnerte mich an meine Jugendzeit, wo ich die Wirkung des Alkohols an meinen Mitmenschen so bitter erlebte. Beim Maturabankett in Wien mußte ich – wie schon geschildert – wahrnehmen, wie die schöne Klassenkameradschaft und das wunderbare Verhältnis zu unseren Lehrern durch den Einfluß des Alkohols versank. Kein Wunder, daß meine Studentenzeit mit dem Kampf gegen den Alkohol erfüllt war.

Im vorliegenden Falle der Heilmittelherstellung verstand ich Rudolf Steiner nur zu gut, daß der Alkohol nicht nur die menschliche Entität, sondern auch die Naturwesen von ihren kosmischen Urbildern abschneidet. Der Alkohol mumifiziert.

Die Schulwissenschaft meint seit Pasteur und Koch, daß Mikroorganismen das Verderben organischer Substanzen verursachen und daß man daher jene durch Gifte abtöten müsse. Aus einer tieferen Einsicht aber kann man wissen, daß ein lebendiger organischer Zusammenhang dann stirbt, wenn sich die Summe der ätherischen Bildekräfte (Lebensleib) aus dem physischen Substrat zurückzieht. Auf dem zerfallenden Leben erst finden die Mikroorganismen ihren Nährboden. Sie sind daher nicht Ursache, sondern höchstens Symptom dafür, daß Lebendiges im Zerfall begriffen ist. Der Alkohol, sowie jedes andere Bakteriengift beseitigt das Symptom und läßt das tote physische Substrat als Resultat der „Konservierung" bestehen.

Ein zukünftiger Weg wird beschritten werden können, wenn die Frage beantwortet ist: Was kann getan werden, um ein Naturwesen so im Zusammenhang mit seinen kosmischen Urbildern zu erhalten, daß Mikroorganismen keine Nährböden auf ihm finden?

Vor diesem Problem stehend erinnerte ich mich an die Gespräche, die ich seinerzeit mit Rudolf Steiner in Arnheim hatte, wo er mir auf meine Frage nach dem Wesen des Lebens die Antwort gab: „Studieren Sie den Rhythmus; Rhythmus trägt Leben".

Die heutige Schulwissenschaft kennt den Rhythmus noch nicht.* Allenfalls definiert sie ihn als die ewige Wiederkehr des Gleichen. Das ist aber nicht Rhythmus, sondern Takt. Wer einmal die Wellen einer Brandung genügsam beobachtet hat, wird wahrgenommen haben, daß der Wellenschlag in sich gegliedert ist, daß z. B. jede siebente Welle eine besondere Charakteristik zeigt.

Aus meinen Substanzstudien hatte ich die Erfahrung, daß Sternenwelten über die meteorologischen Gewalten bis in das biologische Geschehen eingreifen können und daß mit jeder rhythmischen Stufe neue kosmische Impulse in einem

---

* Dies hat sich in den letzten beiden Jahrzehnten gewandelt: Es gibt zahlreiche Veröffentlichungen der Rhythmus-Forschung, ein eigener Wissenschaftszweig, die Chronobiologie, ist entstanden. Rhythmische Prozesse auch im menschlichen Organismus sind heute wesentlich besser und allgemeiner bekannt als vor 30 Jahren – wenn auch nicht immer in ihrer tatsächlichen Bedeutung für Mensch und Welt. (D. Hrsg.)

lebendigen organischen Zusammenhang wirksam werden. Der Rhythmus von Sonnenaufgang und Sonnenuntergang, der Rhythmus der Mondphasen, der Rhythmus der Jahreszeiten, der Rhythmus von Sternenkonstellationen, verbunden mit Bewegungsrhythmen, die sozusagen wie in einer Resonanz die kosmischen Rhythmen in das Substrat hereinholen und fixieren, bestimmten den Gang der Versuche. So einfach das so gefundene Herstellungsprinzip erscheint, so vielfältig waren die Versuchsanordnungen, bis es schließlich gelang, die für die Praxis brauchbaren Methoden zu entwickeln, um in jedem Falle hochwirksame, vollkommen natürliche Heilpflanzen-Auszüge zu gewinnen. (Versuche zur Konservierung von Heilmitteln ohne Alkohol, Natura Ärzteblatt 1932, Substanzerkenntnis als Grundlage der Heilmittelerkenntnis, ebenda 1936, Heilmittellehre 1965.)

Es lag auf der Hand, die neue Methode auf Obstsäfte anzuwenden. Die diesbezüglichen Bemühungen brachten zwar wesentliche Verbesserungen der Qualität, des Aromas, des Geschmackes und der Bekömmlichkeit, aber die Haltbarkeit ließ zu wünschen übrig. Das kommt wohl daher, daß unsere heutigen Obstsorten so ver- und überzüchtet sind, daß sie kosmosentfremdet sind. Dagegen zeigten nämlich Wildobst und Wildbeeren (Hagebutten, Ebereschen, Weißdorn, Schlehdorn, Quitten etc.) ein freundliches Eingehen auf die rhythmische Behandlung. So entstand die ganze Reihe der Wala-Elixiere.

Es lag in meiner Absicht – auch war es der Wunsch von Frau Dr. Wegman –, das ganze neu erforschte Gebiet der Heilmittelzubereitung in die Weleda einfließen zu lassen. Aber die Verhandlungen scheiterten; das Schicksal hatte anders entschieden, würde ich heute sagen.

Die WALA-Laboratorien – neue Wege der Heilmittelbereitung

Inzwischen war der Wunsch der deutschen Ärzte, die neuen Heilmittel beziehen zu können, so drängend geworden, daß nichts anderes übrig blieb, als ein selbständiges Laboratorium in Deutschland einzurichten. Ich hatte eine treue Seele als Mitarbeiterin, die zur Führung eines solchen Laboratoriums alle Voraussetzungen besaß. Sie war Apothekerin, tatkräftig und wach, und hatte, bevor sie zu mir kam, eine gute Position bei der Firma Sandoz inne. Sie überlegte lange, ob sie ihr unbeschwertes Leben mit unserem einfachen und primitiven Pionierdasein vertauschen sollte. Am Tag der Entscheidung – es war ein Mittwoch – sagte ich ihr, sie möge ihren Engel fragen. Tags darauf teilte sie mir mit, daß sie gekündigt habe. Also Frl. Hilde Beck richtete 1935 das erste

Hildegarde Beck

Wala-Labor in Ludwigsburg im Hause des mir befreundeten Dr. Wilhelm Greil ein. Das Labor entwickelte sich in ungeahnter Weise, so daß bald eine Übersiedlung in größere Räumlichkeiten am Elbufer in Dresden notwendig wurde. Unmittelbar darauf folgte die Gründung eines Labors in Wien und auf Wunsch der englischen Ärzte die Einrichtung einer Heilmittelherstellungsstätte in dem schon erwähnten Therapeutikum Kent-Terrace in London.

Englands anthroposophisches Leben erfuhr damals unter der Führung von D. N. Dunlop einen mächtigen Aufschwung. Er gab zusammen mit Walter Johannes Stein eine Zeitschrift "Present Age" heraus, welche sich an die geistig Interessierten und an die sozial und wirtschaftlich Fortschrittlichen wendete. Die Zusammenarbeit mit Dunlop und W. J. Stein empfand ich als ungemein fruchtbar. Neue Horizonte wurden sichtbar – man fühlte den Atem einer weiten Welt. Dunlop schuf die Einrichtung der englischen Sommerschulen. Man traf sich einige Wochen an ausgezeichneten Orten Englands (Bangor, Westenburt) und pflegte in Kursen und Vorträgen Erkenntnisse eigenen Forschens in der Anthroposophie. Frau Dr. Wegman war stets unter den Vortragenden, ich selbst gab intensive Kurse in Stoffeskunde, Botanik, Ernährungslehre; George Adams lehrte seine Mathematik von Raum und Gegenraum; Dr. König gab seine Forschungen in Embryologie und Anatomie; E. Kolisko sprach über Metamorphose und Elementarwesen, W. J. Stein über mythologische und geschichtliche Themen, Zeylmans van Emmichoven von den Grundlagen der Esoterik und noch mancher andere mehr. Einige hundert Teilnehmer versammelten sich zu dieser gemeinsamen Arbeit, und man fühlte sich – Lehrer und Schüler – gegenseitig gefördert. In Gesprächen und Ausflügen in die Umgebung zu den Kultstätten der Druiden und den uralten Siedlungen der iroschottischen Mönche aus dem 5. Jahrhundert kam ich in stärkere Berührung mit dem keltisch-iroschottischen Urchristentum. Es hatte mich tief beeindruckt, wie der Übergang der Hybernischen Mysterien in ein kosmisch-spirituelles Urchristentum kampflos und ganz natürlich erfolgte, indem die Druidenpriester die Ereignisse in Palästina hellsichtig miterlebten. Die Artusrunde in Tintagel gab ihren Rittern die Aufgabe, das Herabkommen der Christuswesenheit durch die Elemente zu beobachten; von da führt der Weg zur Gralsströmung, die ein letztes Aufleuchten eines esoterischen Christentums darstellt, ehe es unterging und Rom das Erbe antrat.

Dadurch, daß eine ganze Reihe deutscher Redner in diesen Sommerschulen auftauchte, ergaben sich durch Sprachunzulänglichkeiten oft amüsante Situationen, von denen ich einige besonders reizende Beispiele meinen Lesern doch nicht vorenthalten möchte; denn was wäre das Leben ohne Humor?

Frau Dr. Wegman achtete darauf, daß jeder ihrer Mitarbeiter einen festlichen Anzug – Smoking oder Frack – einpackte, um sich bei festlichen Gelegenheiten benehmen zu können „wie ein Lord". Also packte auch W. J. Stein seinen Smoking ein und zog ihn zur feierlichen Eröffnung an. Als er in den Festsaal eintreten wollte, fand er dort ein Plakat „Smoking not allowed" (d. h. Rauchen verboten). Er drehte sich um, ging nach Hause, zog sich um und erschien im Straßenanzug.

Auf der Anreise trafen sich einige Freunde in London und gingen zusammen zu Lyons essen – unter ihnen unser Embryologe. Alle bestellten ihr Essen und dieser sagte zur Waitress „I become an egg". Diese machte ein verständnisloses Gesicht, brachte den anderen das bestellte Essen, und als sie damit fertig waren und er noch immer auf sein Ei wartete, rief er schließlich der Kellnerin zu: „Shall I become an egg or not?" Darauf die Kellnerin lächelnd: „I hope not, Sir!" (to become bedeutet im Englischen „werden")

Ich selbst versuchte, solche Entgleisungen von vornherein auszuschalten, indem ich mich in meinen einleitenden Sätzen für mein mangelhaftes Englisch entschuldigte und zwar mit den Worten „Please forgive my bad language". Schallendes Gelächter belohnte meine Worte, und der Kontakt zwischen mir und dem Publikum war hergestellt (bad language bedeutet im Englischen „fluchen").

Ein wesentliches Gebiet, das wir in der Klinik bearbeiteten, war die Erforschung der Krebskrankheit. Es wurde schon erwähnt, daß Dr. W. Kaelin die kapillar-dynamische Methode zur Frühdiagnose des Krebses ausgearbeitet hat. Die Methode basierte auf der Erkenntnis, daß die Krebskrankheit keine lokale Erkrankung, sondern ein den Gesamtorganismus ergreifendes Geschehen ist. Ein langes psychisches Vorstadium geht der Bildung eines Tumors voraus. Dieses Vorstadium, welches wir die „Krebspsyche" nannten, ist aber natürlich schon von feinen physischen Veränderungen begleitet und manifestiert sich bereits in den gestörten Formkräften des Blutes, was sich im Steigbild deutlich zeigt. Gewiß kann das geschulte Auge des behandelnden Arztes die Krebspsyche an mancherlei Symptomen erkennen, aber das Steigbild gibt ihm die Bestätigung, beziehungsweise ein Warnsignal.

Für die Therapie gab Rudolf Steiner die Mistel an. Die Herstellung solcher Mistelpräparate war ziemlich kompliziert. Nach Hinweisen R. Steiners sollten nicht nur die Wirtsbäume der Mistel berücksichtigt werden, sondern auch die Jahreszeiten und Vegetationsperioden abgestimmt werden. Die Mischung der Säfte sollte in einer rasch laufenden Zentrifuge erfolgen. Zur Bewältigung dieser umfassenden

Forschungsaufgaben hat Frau Dr. Wegman den „Verein für Krebsforschung“ gegründet. Als Schriftführer dieses Vereins hatte ich die Aufgabe, alle Hinweise und Literaturangaben zu sammeln. Ich kam dadurch mit vielen prominenten Ärzten aus aller Welt in Berührung. Vielfach war es so, daß die Gespräche sich in einer herzlichen Atmosphäre abspielten, staunendes Interesse wurde unseren therapeutischen Ideen entgegengebracht. Dann aber kam oft ein Punkt, wo der Gesprächspartner zurückzuckte und meinte: „Wenn Sie recht haben, kann ich ja einpacken!“ Es nützte dann meist nicht viel, wenn ich zu erklären versuchte, daß es sich nicht um ein Entweder-oder handle, sondern daß unsere Bemühungen nur eine Fortsetzung und Erweiterung der schulwissenschaftlichen Gedankengänge darstellen, allerdings in Gebiete, die von dieser noch oft ganz abgelehnt werden.

Zur Mischung der Mistelsäfte wurde eine Zentrifuge konstruiert, deren Umfangsgeschwindigkeit die Erdumdrehungsgeschwindigkeit erreichte. Das Substrat sollte damit den Erdenkräften enthoben werden. Es war schwierig, einen Stahl ausfindig zu machen, der dieser unerhörten Zentrifugalkraft widerstehen konnte. Sicherheitshalber wurde das Gerät in einem tiefen Schacht montiert und der „Führerstand“ zu ebener Erde eingerichtet. Es interessierte mich vor allem, experimentell zu untersuchen, was mit einer Materie geschieht, die einer solchen Geschwindigkeit unterworfen wird. Ich habe meine Versuche mit destilliertem Wasser ausgeführt und bei verschiedenen Drehzeiten und bei verschiedenen Geschwindigkeiten bedeutsame Qualitätsunterschiede in physikalischer, chemischer und biologischer Hinsicht festgestellt.

Das Wasser wurde leichter. Sein spezifisches Gewicht betrug je nach Geschwindigkeit 0,997–0,999. Die Reaktionsgeschwindigkeit im gedrehten Wasser, geprüft an der Landoltschen Reaktion, zeigte sich um 50–100% erhöht. Bellis (Maßliebchen), mit gedrehtem Wasser begossen, zeigten ein Übermaß an Blühintensität. Aus den Röhrenblüten entwickelten sich Stengel, die ihrerseits wieder voll ausgebildete Korbblüten trugen.

Wenn man daran denkt, daß die heutigen Raketen und Düsenflugzeuge eine teilweise höhere Geschwindigkeit im Raum erreichen, so wäre es natürlich interessant zu wissen, welche Erfahrungen die Materialprüfungsstellen an den Konstruktionsteilen gemacht haben. Zwar handelt es sich da vorzugsweise um Aluminiumlegierungen und Kunststoffe gegenüber dem beweglichen und aufnahmefähigen Wasser.

Die Forschungen auf dem Gebiet der Krebstherapie wurden vor allen von Dr. W. Kaelin, Dr. G. Suchantke und mir selbst betrieben. Wir saßen oft zu dritt überlegend, beratend und diskutierend beisammen, und wir verstanden uns trotz der erheblichen Temperamentsunterschiede sehr gut. Dr. Kaelin war ein Choleriker, der sich aber fest und sicher in der Hand behalten konnte, Dr. Suchantke dagegen ein ausgesprochener Sanguiniker und ich selbst eine Mischung von cholerischem und melancholischem Temperament mit einem guten Schuß Phlegma. Frau Dr. Wegman hatte viel Sinn für Humor; es war die Zeit, da am Goetheanum Faust II in ungekürzter Form inszeniert und erstmalig aufgeführt wurde. Da treten im letzten Akt die drei Patres auf, und unversehens hatten wir drei die Spitznamen „Pater seraphicus", „Pater ekstaticus" und „Pater profundus", die uns längere Zeit in der Klinik anhafteten.

Es ist weder die Absicht, noch ist es möglich, das vielfältige Leben an der Klinik erschöpfend zu schildern. Man kann immer nur Einzelnes herausgreifen, was wie eine Insel aus einem Meer von Erlebnissen herausragt. – Wenn man heute zurückdenkt, so hat man den Eindruck, als ob das Leben in einmaliger Intensität alle Kräfte beanspruchte und man mit den mehr betrachtenden Beurteilungen weit zurückblieb. Die Gegenwart atmete eine geladene AktivitätsSpannung.

Dramatisch wollte sich ein Neues Eingang verschaffen in die Zeit. Wie konnte es anders sein, als daß Donner und Blitz im kleinen persönlichen, wie im großen Geschehen der ganzen Bewegung die Ereignisse begleitete.

Frau Dr. Wegman und mit ihr die Klinik ging in den Dreißiger-Jahren durch schweres Schicksal, das zu meistern schon die besonderen Eigenschaften dieser in meinen Augen königlichen Frau bedurfte. – Schwer angegriffen verteidigte sie sich nie, sie blickte auf das Geschehen hier auf Erden von einer Warte, die viel größere Gesichtspunkte überpersönlicher Natur in Betracht zog. – Unverrückbar sich ihrer Weltenaufgabe bewußt, versuchte sie, Keime auszustreuen und soviel als irgend möglich war, die Hinweise Rudolf Steiners zur Erweiterung der Heilkunst zu realisieren. Ja, sie konnte angesichts unversöhnlicher Gegensätze ihre Mitarbeiter trösten etwa mit den Worten: „Das ist doch alles Maja; wenn wir gestorben sind, stehen wir wieder alle einig um unseren großen Lehrer." (Foto Dr. Wegmans s. Seite 65)

Diese Situation brachte auch finanzielle Schwierigkeiten für die Klinik mit sich. Wir mußten den Gürtel erheblich enger schnallen, und die Wirtschafter bestürmten Frau Dr. Wegman, diesen oder jenen Zweig abzubauen und Mitarbeiter zu entlassen. Sie aber schenkte solchen Vorschlägen kein Gehör – im Gegenteil – sie berief Persönlichkeiten an die Klinik, mit denen sie neue Initiativen entwickelte, um dadurch das Gleichgewicht wieder herzustellen.

So lag ihr die *künstlerische Therapie* sehr am Herzen. Musik, Sprachgestaltung, Farbentherapie bzw. Heil-Eurhythmie, Heilmalen und Plastizieren wurden gefördert und neue Gesichtspunkte entwickelt. Die Kunst durch ein ärztliches Bewußtsein zu ziehen und damit gezielte therapeutische Wirkungen herbeizuführen, war die Aufgabe. Dr. Margarethe Stavenhagen, die – wie bereits geschildert – in der Rhythmischen Massage und der Bädertherapie gearbeitet hatte, widmete sich besonders dem Malen und Plastizieren in deren Eigenschaft als Heilkunst. Wir haben dann auch experimentell den therapeutischen Effekt schon an reinen Farbwirkungen nachweisen können. Rot und Blau als Polaritäten haben an sich eine solche Tiefenwirkung auf den menschlichen Organismus, wenn man sich ihnen länger aussetzt, daß sich das durch Blutzuckerbestimmungen feststellen läßt. Selbstverständlich konnte alles nur angetönt werden, denn es hätte eines ganzen Institutes bedurft, um all die andrängenden Fragen wirklich wissenschaftlich durchzuarbeiten. Für uns mußte damals die Tatsache genügen, daß sich hier ein Gebiet eröffnete, das zur Weiterverfolgung berechtigt. So kann der ganze Goethesche Farbenkreis für den Patienten ein Agens der Durchatmung und Durchblutung werden.

Um wieviel intensiver muß daher die Wirkung sein, wenn der Patient, selbst aktiv mit Farbe und Pinsel arbeitend, bestimmte Aufgabenreihen malt und so eine Art Farbendiät empfängt. Diese Therapie hat sich in der Praxis durchaus bewährt, insbesondere bei der Behandlung der Krebspsyche bis zu manifesten Tumoren, sowie bei allen Erkrankungen, bei denen Stauungen und Verkrampfungen im weitesten Sinne eine Rolle spielen, was in weit mehr Fällen körperlicher wie seelischer Erkrankung der Fall ist, als man gemeinhin meinen möchte.

Es wurde versucht, das Heilmalen dadurch zu intensivieren, indem statt der käuflichen Mineral- und Anilinfarben Pflanzenfarben angewendet wurden. Wir stellten aus einer Reihe von Blüten und Früchten und Wurzeln Aquarellfarben her, die beim Malen sehr lebendig wirkten, im Bilde aber nach einiger Zeit verblaßten. Das ist jedoch für das Therapeutische Malen belanglos; denn es handelt sich da nicht um die Produktion von Kunstwerken bleibenden Wertes, sondern um die Tätigkeit bei der Entstehung des Bildes. (Natura Ärztebbl. 1930).

Ein anderes Aufgabengebiet war folgendes:

Rudolf Steiner hatte seinerzeit darauf hingewiesen, daß die mumifizierten Fasern des Scheidegrases in den Hochmooren verlebendigt werden könnten und dann als Textilfasern zu gebrauchen wären. Er hatte den Mitarbeiter am biologischen Institut des „Kommenden Tag", H. Smits, mit der Aufgabe der Ausarbeitung betraut. Diese Arbeiten wurden dann in der Knopffabrik Einsingen, wo H. Smits später tätig war, fortgesetzt. Nach der Liquidation von Einsingen hat Frau Dr. Wegman mich mit der Fortsetzung der Arbeiten betraut. Es ist mir nicht leicht gefallen, das bisher Erreichte zu übernehmen. Ich habe auch später versucht, H. Smits wieder in den Gang der Arbeiten einzugliedern. Von Frau Dr. Wegman weiß ich, daß es sich da nicht um eine Ersatz-Faser handelt, sondern um ein Material, das zu einer „Gesundheitskleidung" bestimmt war. Das hänge zusammen mit den im Moor gefesselten Elementarwesen, die, durch die Verlebendigung erlöst, sich dankbar erweisen würden. Sie würden den Träger eines Torfhemdes vor den immer mehr zunehmenden elektromagnetischen Feldern der Atmosphäre und noch „Schlimmerem" schützen. Man dürfte nicht fehlgehen, in letzterem die Gefahren der Radioaktivität zu sehen. (Heilmittellehre 1965).

Inzwischen war in Deutschland das Dritte Reich ausgebrochen. Das Verbot der Anthroposophie in Deutschland brachte manchen hoffnungsvollen Keim zum Stillstand. Ich reiste viel in Deutschland und Österreich und versuchte, die geschrumpften und verschüchterten Arbeitsgruppen am Leben zu erhalten. Als der Einmarsch in Österreich knapp bevorstand, hatte ich manches Gespräch mit meinen Freunden und Kameraden aus meiner Jugendzeit. Seit der Zertrümmerung der österreichisch-ungarischen Monarchie lebte im Rumpf-Österreich die Sehnsucht „Heim ins Reich". Die Einsicht, daß der Nationalismus überlebt ist und der Vergangenheit angehört und daß neue Formen des Zusammenlebens der Völker gesucht werden müßten, hatte in vielen Köpfen noch keinen Eingang gefunden. Meine warnenden Worte stießen vielfach auf leise Skepsis, und als ich sagte: „Ich wünsche Euch nicht, die Segnungen des Hitlerreiches am eigenen Leibe zu erleben", da ahnten wir nicht, daß einige später durch Selbstmord endeten.

Die Annexion Österreichs brachte die Dependance der Klinik in Gnadenwald bei Hall in Tirol in ernste Gefahren. Dort waren zwei Ärzte jüdischer Abstammung tätig, die eines Tages auf ihrer Flucht in Arlesheim erschienen; die Kuranstalt wurde inzwischen provisorisch von Frau Dr. Hartmann-Burmeister versorgt.

Als bald darauf die Nordschweiz evakuiert wurde, weil man einen Einmarsch Hitlers befürchtete, und die Patienten der Klinik nach den Dependancen im Tessin abtransportiert wurden, erklärte ich mich bereit zu versuchen, die Kuranstalt von Gnadenwald zusammen mit Dr. Margarethe Stavenhagen zu übernehmen.

Die „Kuranstalt Gnadenwald" war ein altmodisches Gebäude im Tiroler Stil mit Veranden und Terrassen. In einem der Nebenhäuser richtete ich mein Laboratorium ein. Gnadenwald liegt in phantastischer Lage auf einem Hochplateau über dem Inntal am Fuße des Bettelwurf. Auf halber Höhe lag das Haller Salzbergwerk, von wo eine Soleleitung in die Kuranstalt Gnadenwald zwecks Verabreichung von Solebädern gelegt war. Die Bäderanlage war jedoch zur Zeit stillgelegt. Nach und nach sollte das Haus renoviert werden; und manches war auch schon getan.

Wir waren bald vollbelegt, doch hatten wir die Möglichkeit, Kurgäste auch in benachbarten Bauernhäusern unterzubringen. Ein geisterfülltes Leben, das durch Vorträge, Arbeitsgespräche und Musik gepflegt wurde, durchpulste das Haus. Wir zählten prominente Musiker zu unseren Gästen, die uns mit Kammermusikabenden erfreuten. Auch Ärztetagungen fanden statt. Frau Schlenz, die in der Nähe wohnte, hatte uns zum Studium der „Schlenzbäder" angeregt. Überwärmungsbäder waren uns von Arlesheim her geläufig, doch die besondere Form der Schlenzbäder erregte unser Interesse. Durch ständig gesteigerte Badtemperatur wurde die Körpertemperatur auf 39–40° gebracht – bei kontinuierlicher Kontrolle der Herztätigkeit. Das Nachschwitzen brachte dann das köstliche Gefühl der Körperleichte und der Auflösung mancher Verhärtungen. Das Bad bewährte sich später in voller Hinsicht, besonders auch in der Krebstherapie. Dr. zur Linden, Dr. Suchantke, Dr. Schauer und eine Reihe anderer Ärzte nahmen daran teil.

Zu den prominenten Patienten gehörte Frau Ohlendorf. Ihr Mann, Otto Ohlendorf, bekleidete einen hohen Rang in der Parteihierarchie. Ich lernte ihn damals zum erstenmal kennen.

In diesem angeregten und blühenden Leben hatte man jedoch stets das Bewußtsein, in einer Oase zu leben, die in jedem Moment durch einen Sandsturm zugedeckt werden könnte. Trotzdem wir mit der Umgebung die besten Beziehungen pflegten, hörte das Gemunkel nicht auf. Mißtrauen spürte man aus allen Ecken herauskriechen, und später hörten wir, daß Spitzel, als Patienten getarnt, unser Tun beobachteten. Wir hatten ja aber auch nichts zu verbergen, und an einer spirituellen Weltanschauung konnte – so dachten wir damals – „der Rechtsstaat" nicht Anstoß nehmen. Dr. Schauer, der uns oft besuchte, war Chefarzt des Biologischen Krankenhauses in München-Höllriegelskreuth. Er sah wohl auch die Katastrophe nahen, denn er äußerte eines Tages: „Wenn Ihr auffliegt, kommt Ihr zu mir ins Biologische Krankenhaus!" Wir ahnten damals nicht, wie bald sich das verwirklichen sollte.

So ziemlich das Einzige, was damals auf anthroposophischem Felde noch erlaubt war, war die Biologisch-dynamische Landwirtschaft. Rudolf Heß interessierte sich dafür und auch Otto Ohlendorf. Unter der Leitung von Erhard Bartsch fand alljährlich die landwirtschaftliche Tagung in Bad Saarow, Mark Brandenburg, dem Zentrum des Biologisch-Dynamischen Versuchsringes, statt. Dort traf ich Otto Ohlendorf wieder und kam seinem Wesen etwas näher. Während er den Darlegungen der Redner mit vollem Interesse folgte, rumorte etwas in seiner Seele, das ich zuerst nicht deuten konnte. Als ich aber gelegentlich in seine Augen schaute, erschrak ich über die abgrundtiefe Trauer, die aus ihnen sprach. Es erging ihm wohl ähnlich wie vielen prachtvollen jungen Menschen, die die vordergründigen Ideen des Nationalsozialismus mit Begeisterung aufnahmen. Da er sehr intelligent war, erkletterte er bald eine hohe Rangstufe in der Parteihierarchie, und als er dann die hintergründigen

Ziele des Nationalsozialismus wahrnahm, war es zu spät zur Umkehr.

Das Leben in Gnadenwald atmete die Ruhe vor dem Sturm. Am 9. Juni 1941 erfolgte der große Schlag gegen die Anthroposophie – verursacht durch die kurz vorher erfolgte Flucht von Rudolf Heß nach England.

Im Morgengrauen – ich war schon angezogen, weil ich den ersten Bus nach Hall zum Zahnarzt nehmen wollte – erschienen plötzlich einige Polizeiautos, und im Nu war die Kuranstalt von Gestapobeamten umstellt. Es begann eine gründliche Hausdurchsuchung, die Bibliothek, Büro, Buchhaltung und Korrespondenz wurden lastwagenweise abtransportiert. Auch meine wissenschaftliche Bibliothek, normale schulwissenschaftliche Chemiewerke, Botanikbücher und Anatomieatlanten wurden beschlagnahmt. Auf meine Frage, warum man mir die gewiß nicht verbotenen Bücher wegnähme, war die Antwort: „Uns ist alles verdächtig, was Sie lesen".

Inzwischen war die Zeit fortgeschritten, und ich bemerkte naiverweise, daß ich jetzt leider gehen müsse, da ich um 8 Uhr beim Zahnarzt bestellt sei. Verblüfft wurde ich angestarrt. Einer fand endlich die Sprache wieder und versicherte mir, daß ich rechtzeitig zum Zahnarzt gebracht werde. Ich nahm also in einem der Autos zwischen zwei Gestapobeamten Platz und merkte aber bald, daß man ganz andere Wege fuhr, die keineswegs zum Zahnarzt führten. Wir gelangten endlich nach Innsbruck vor ein äußerlich harmlos aussehendes Gebäude; ich wurde in einen Büroraum geführt, wo Polizisten den Inhalt meiner Taschen abverlangten. Auch meinen Leibgürtel mußte ich abgeben. Dann wurde ich durch mehrere Korridore geleitet und schließlich in eine Zelle komplimentiert, die außer einer aufgeklappten Bettstelle und einem Klapptischchen nichts an Annehmlichkeiten enthielt. Oh doch! Ich befand mich ja in einem modernen Gefängnis und hatte in meiner Zelle ein Wasserklosett! Das Ganze war ein Um- und Anbau an ein altes Hotel, und da das Lächerliche sich so gern mit dem Ernsten paart, stand noch daran „Gasthaus zur Sonne".

Als sich die schwere eiserne Tür hinter mir schloß, überkam mich zuerst eine Welle von Zorn. Dann folgte die Überlegung, was wohl zu solchen drastischen Maßnahmen hatte führen können und wie ich mich weiter verhalten sollte. Inzwischen war es Mittag geworden; ein Loch in der Mauer öffnete sich, durch welches die Mittagsration hereingeschoben wurde, bestehend aus einer Suppe und Brot. Beides war gut, und ich beschloß, nach Möglichkeit bei Kräften zu bleiben und zu essen.

Die Wochen, die nun folgten, waren eine einmalige, nicht uninteressante Erfahrung in meinem Leben. Abgesehen von den mit einer solchen Situation naturgemäß verbundenen Unannehmlichkeiten, spielte auch hier der Humor kräftig herein. Man darf auch nicht vergessen, daß sich das alles in Innsbruck zutrug, wo die Menschlichkeit noch eine ganz andere Rolle im Volkscharakter spielt als etwa in Preußen. Man konnte den Eindruck haben, daß selbst die Gestapobeamten noch nicht den seelenlosen, bösartigen Charakter angenommen hatten wie draußen im Reich. Es wirkte alles wie auf der Bühne, sie spielten ihre Rollen, aber überall schaute der wahre gutmütige Tiroler hindurch.

Gleich am nächsten Morgen beim Photographen, der unsere Physiognomien aufnehmen sollte, traf ich die inzwischen auch verhafteten Freunde, Dr. Stavenhagen, Dr. Hartmann und unsere Eurythmistin. In den nun folgenden Verhören fiel mir auf, daß ich immer wieder gefragt wurde: „Wozu sind Sie vorbestimmt?" Zuerst reagierte ich darauf scherzhaft, daß ich in meiner Entwicklung noch nicht weit genug fortgeschritten sei, um das zu wissen. Allmählich aber realisierte ich den Ernst der Lage, und wie sich später herausstellte, vermutete man ein Komplott der Anthroposophen mit Rudolf Heß und eine revolutionäre Organisation, die bereits zur Aufstellung eines Schattenkabinetts geführt habe. Daher die Frage: Wozu sind Sie vorbestimmt? Aus diesem Grunde bohrte man auch nach Beziehungen zu Parteigrößen, um so das ganze Netz der Verschwörung aufzudecken. In meiner Korrespondenz hatte man einen Briefwechsel mit Professor Bäumler, der ein Kulturamt unter Göbbels leitete, gefunden. Darauf wurde herumgeritten bis zur Erschöpfung.

Die nächsten Tage brachten eine kuriose Überraschung. Eines Morgens stand der Hauptwachtmeister in meiner Zelle. „Se san do a Doktor!" fing er an und begann sein Hosenbein aufzukrempeln. Da kam ein ziemlich bösartiges Ekzem zum Vorschein, und er erklärte mir, daß in einer Woche ein Wettschwimmen der Polizei stattfinde, an dem er teilnehmen wolle, wenn das Ekzem ihm das erlaube. Er bat um meine Hilfe. Ich verordnete ihm schmunzelnd eine Fastendiät: Gemüsebrühe morgens und abends, Pfefferminztee mittags mit einem Stück Zwieback. „Und kein Bier?" – „Kein Bier!" Er war es zufrieden und fragte, ob ich einen Wunsch hätte. Ich zeigte ihm den Strohsack, der einst mit Maisstroh wohl gefüllt war, von dem aber nur die Stengel und Kolben übrig geblieben waren, ansonsten sei ich wunschlos glücklich. Er rief sofort eine Frau, die den ramponierten Strohsack entfernte und einen neuen brachte, ich bekam sogar ein Laken aus Sackleinwand und ein Kissen. Er besuchte mich dann täglich und zeigte mir den Fortschritt der Kur. Nach drei Tagen war tatsächlich das Ekzem soweit abgeblaßt, daß man auf eine vollständige Heilung bis zum Tage des Wettschwimmens hoffen konnte. Das Schwimmen fand statt, aber mein Hauptwachtmeister war durch das Fasten so geschwächt, daß ihm der erhoffte Sieg entging. Nichtsdestoweniger waren wir seither gute Freunde, was sich in der Gewährung mancher Erleichterungen auswirkte. Ich durfte auch tagsüber auf meinem Bett liegen, ich bekam Papier und Bleistift und fing an, meine Substanzlehre zu schreiben.

Ich durfte sogar Besuche empfangen und frische Wäsche aus Gnadenwald bekommen. Eines Tages brachte mir unsere Buchhalterin einen großen Blumenstrauß und verlangte im Büro eine Vase. Als diese nicht sofort aufzutreiben war, beschimpfte sie lachend das Personal, was das für ein Gefängnis sei, wo man nicht einmal eine Blumenvase vorrätig habe. Das dürfte auch nur in Österreich passieren können.

Der Beamte, der unseren Korridor zu beaufsichtigen hatte, war eine Seele von Mensch. Er verschaffte uns Erleichterungen, wo er nur konnte, war immer freundlich und hatte stets ein gütiges Lächeln. Gelegentlich führte er uns im Gefängnishof spazieren, und da hatte ich Gelegenheit, meine Mitgefangenen kennenzulernen. Es waren meist katholische Priester, Lehrer, Kommunisten, auch ein Trunkenbold, der seine Reue in dichterischer Form zum Ausdruck brachte. Ich genoß seine besondere Zuneigung, so daß ich in den Besitz seines poetischen Beichtbekenntnisses gelangte, das folgendermaßen begann:

Nun bin ich schon zum zweitenmal
Als Angeklagter hier.
Ich weiß es wohl, es macht der Schnaps,
Zuweilen auch das Bier. –
Weil ich kein großer Redner bin
Und nur ein kleiner Mann,

Erbitte ich mir's zum Gewinn,
Daß ich es schreiben kann:

und dann folgte seine feucht-tragische Verhaftungsgeschichte.

Die Spaziergänge im Gefängnishof wurden mit Männern und Frauen getrennt durchgeführt. Eines Tages fragte ich unseren Aufsichtsbeamten, ob ich nicht mit den Damen spazieren gehen dürfte – ich wollte mich nämlich mit Dr. Stavenhagen aussprechen. Er lachte und meinte: „Jo mei, dös wird halt schwer halten. Schließlich sein ma ja koa Sanatorium!"

Eines Morgens stand mein Hauptwachtmeister strahlend in der Tür und rief: „Herr Doktor, die Stunde der Freiheit hat geschlagen!" Meine erste Frage galt Dr. Stavenhagen. Auch sie wurde gleichzeitig entlassen. Die übrigen Mitgefangenen aus Gnadenwald waren schon einige Zeit vorher freigekommen.

Höflicherweise brachte man uns per Auto nach Gnadenwald, wo wir erfuhren, daß die Kuranstalt enteignet und in ein NSVKinderheim übergeführt werden sollte. Man gab uns zwei Stunden Zeit zum Packen – zwar wurde aus den zwei Stunden eine ganze Nacht – wir wurden „Gauverwiesen" und Wien als unser Aufenthaltsort bestimmt – wohl eine Anordnung aus Berlin.

Daß alles so glimpflich ablief, verdankten wir unserem Freund Otto Ohlendorf. Wie ich später erfuhr, waren sogar Todesurteile in Aussicht genommen, die die fünf Hauptverhafteten der Aktion vom 9. Juni 1941 betrafen. (Dr. Erhard Bartsch, Lic. Emil Bock, Erbprinz Georg Moritz von Sachsen-Altenburg, Elisabeth Klein und ich).

In einer „Führerbesprechung" soll sich Otto Ohlendorf zum Wort gemeldet und so geschickt plädiert haben, daß anders entschieden wurde – sehr zum Ärger von Himmler und Heydrich. Diese sollen geäußert haben: „Diesen Burschen (Otto Ohlendorf) müssen wir uns härten!" Sie setzten seine Strafversetzung in die Ukraine durch, wo er auf Befehl JudenLiquidationen organisieren sollte. Man erzählte, er sei vor dem Dilemma gestanden, sich zu weigern und selbst liquidiert zu werden, oder doch vielleicht in dieser Hölle noch einiges Gute zu tun. Er soll Tausende Juden gerettet haben, indem er Transporte nach Rumänien organisierte, wo sie der Liquidation entgangen seien.

In Wien lebte ich zurückgezogen im Haushalt meiner Schwester, meldete mich – wie befohlen – allwöchentlich im Polizeipräsidium und widmete mich ansonsten der Ausarbeitung meiner Substanzlehre. Dr. Vittorio Klostermann, Verleger in Frankfurt am Main, hatte den Mut, das Manuskript zu drucken und das Buch herauszubringen. Nachdem ein Teil der Auflage verkauft war, wurde der Rest von der Gestapo beschlagnahmt und eingestampft. Klostermann kam mit einem Verweis davon, und ich blieb in Erwartung der Dinge, die ich auf mich zukommen fühlte. Es blieb jedoch zunächst alles ruhig bis auf einen Besuch eines Polizeibeamten vom Präsidium, der mein Doktordiplom auf seine Echtheit untersuchen sollte. Anscheinend war die Substanzlehre für die Behörden so unorthodox, daß man an meiner akademischen Ausbildung zweifelte.

Inzwischen hatte ich erfahren, daß das Wala-Labor in Dresden im Zuge der Aktion vom 9. Juni geschlossen worden war und Hilde Beck dienstverpflichtet in einer pharmazeutischen Fabrik in Süddeutschland tätig war. Gleichzeitig waren alle anthroposophischen Institutionen restlos ausgetilgt worden, insbesondere die noch existierenden Waldorfschulen und die Arbeitskreise der biologisch-dynamischen Landwirtschaft. Nur über die Weleda hatte Otto Ohlendorf noch seine schützende Hand halten können.

Mein kleines Wala-Labor in Wien hatte man anscheinend

vergessen. Ich ließ alle Formulare, die auszufüllen gewesen wären, und alle Meldungen an die „Arbeitsfront" in den Papierkorb wandern, so daß die Existenz des Laboratoriums aus dem offiziellen Wirtschafts- und Parteibetrieb ausfiel. Es überstand in schweigsamer Arbeit den Krieg und fiel erst später der Anzeige eines übelwollenden Arztes zum Opfer.

Inzwischen hatte sich Dr. Schauer gemeldet und kam auf seine seinerzeitige Einladung in Gnadenwald, nach München-Hollriegelskreuth zu kommen, zurück. Dr. Stavenhagen erhielt von der Gestapo die Erlaubnis, Wien verlassen zu dürfen und die angebotene Stelle als Stationsärztin am Biologischen Krankenhaus anzutreten.

Ich blieb zurück in Wien. Eines Tages erhielt ich einen Brief von einem Herrn Kaphahn aus Berlin. Er hatte von M.K. Schwarz, Gartenarchitekt in Worpswede bei Bremen, von mir und meinen Arbeiten in Arlesheim gehört und interessierte sich vor allem für die Elixiere. Da er von meiner Situation bezüglich Gestapo und Reiseverbot wußte, verabredeten wir uns im Hotel Bristol in Wien. Wir fanden gegenseitig aneinander Gefallen. Ich erkannte sofort, daß wir schicksalhaft etwas miteinander zu tun hatten. Meine Erklärungen über die Herstellungsmethoden befriedigten, ein Wort gab das andere, und im Nu waren wir mitten in geisteswissenschaftlichen Gesprächen und saßen bis lange nach Mitternacht beisammen. Herr Kaphahn war Direktor einer Berliner Firma, und wir verabredeten einen Großversuch in seinen Berliner Betriebsräumen. Die Schwierigkeiten mit der Gestapo hatte er von Berlin aus bald aus dem Wege geräumt, und so begann die Arbeit – zunächst mit improvisierten Mitteln – mit dem Hagebutten-Elixier. Der Großversuch fiel über alles Erwarten gut aus, besser als in allen vorangegangenen Kleinherstellungen; es schien mir schon damals, als ob die Größenordnung des Ansatzes eine bedeutende Rolle spielen würde. Es stellte sich später heraus, daß Ansätze zu 300 Litern ein Optimum darstellen. Im biologischen Geschehen scheint die Form und Größe des Prozeßträgers bestimmt zu sein. So wie der Mensch an seine Größe gebunden ist, so alle Tiere und Pflanzen an die ihnen eigenen Formen und Ausdehnungen. Ein Prozeß, der so intim in das Lebendige und die in ihm waltenden Gesetze eindringt, muß naturgemäß auch auf das Form- und Größenprinzip eingehen.

So pendelte ich zwischen Wien, München und Berlin hin und her. Im Sommer 1943 fuhr ich in einer klaren Vollmondnacht von München nach Berlin im Schlafwagen. Ich schlief immer gut und tief. Da träumte ich, daß die Matratzenfedern unter mir bei der leisesten Bewegung krachten. Das Krachen wurde immer heftiger, und plötzlich wurde ich aus dem Bett geschleudert. Der Zug war Gegenstand eines Luftangriffes, und eine Bombe hatte ihn in der Mitte getroffen. Die hintere Wagenreihe war völlig zertrümmert, auch noch das Nebenabteil war demoliert. Ich bewunderte meine Mitreisenden; keine Spur von Panik, gefaßt und überlegt wurden die Weisungen des Schaffners befolgt. Niemand durfte aussteigen. Bei jeder herabkommenden Bombe kippte der Wagen fast aus den Schienen, man wurde hin- und hergeschüttelt, Brandbomben prasselten herab und beleuchteten grünlich phosphoreszierend die Wiese, auf der der Zug stand.

Darüber der Vollmond. Draußen hörte man die Schreie der Verletzten – aber im Inneren der ramponierten Wagen standen die Reisenden im Korridor an den zersplitterten Fenstern, die Frauen an ihre Männer gelehnt, und begegneten gefaßt dem Inferno. Ich war tief beeindruckt. Mit der Hälfte des Zuges kamen wir im Morgengrauen in Berlin an. In einer Zeit, in der der Tod so reiche Ernte hielt wie in den Jahren der Bombenangriffe, waren Mut und Gelassenheit nichts Außergewöhnliches; die meisten Menschen waren, verglichen mit heute, doch in einem anderen Bewußtseinszustand, der die *Iche* wacher auf den Plan rief. Nur das Ich kann selbst der Gefahr gelassen begegnen. Jeder Mensch war eigentlich öfter als es sonst im Leben der Fall ist, von außen durch die Kriegsereignisse oder von innen durch das Regime bedroht. – Geistesgegenwart konnte allein rettend sein.

Da erinnere ich mich an eine Geschichte, die mir die Kammersängerin Martha Fuchs erzählte: Nach einer Aufführung von Tristan wurde sie von Adolf Hitler zum Diner geladen. Sie saß mitten in der Prominenz, und man unterhielt sich über den Heldentod. Da sie schweigend dabeisaß, fragte sie Göring um ihre Meinung. „Ja mei" – sagte sie schlagfertig – „der Liebestod ist mir halt lieber!" Wer hätte ihr das verübeln können?

Die Arbeiten in Berlin, die übrigens auch von dauernden Alarmen und Luftangriffen gestört wurden, waren so erfolgreich, daß wir beschlossen, eine Großfertigung auf die Beine zu stellen. Wir pachteten eine Kelterei in Stubenbach, tief im Böhmerwald, im damaligen Kreis Bergreichenstein, am Fuße des Arber. Es verkehrte damals nur dreimal wöchentlich ein Bus von Eisenstein, der Endstation der Bahn, nach Böhmen. Trotzdem gelang es, Geräte und Materialien heranzuschaffen, Schulkinder sammelten Beeren für uns, und bald war die Produktion auf Hochtouren gebracht.

Unsere Produkte fanden reißenden Absatz, hauptsächlich in den Lazaretten. Wir pflegten Kontakt mit der Universitätsklinik für naturgemäße Heil- und Lebensweise in Berlin. Der Klinikchef Oberarzt Dr. Petzold war besonders von unserem Hagebutten-Elixier angetan. Er fragte, in welcher Form wir das Vitamin C zusetzen. Auf unsere Versicherung, daß ein solcher Zusatz überhaupt nicht stattfinde, erklärte er staunend, daß er einen so hohen Gehalt an Vitamin C noch in keinem Präparat vorgefunden hätte. Seine Assisten-

Gertrud Weinmar im Stubenbacher Labor (1945)

tin käme von unserem Hagebutten-Elixier gar nicht los, so interessant sei es. Es widerstehe nämlich allen zerstörenden Einflüssen, man könne es kochen, ja sogar eindampfen, man könne es mit Säuren und Laugen behandeln, der Vitamin-C-Gehalt bleibe immer derselbe. Wir hatten Hagebuttenfrüchte eingesendet und es hatte sich sogar ergeben, daß das Elixier mehr Vitamin C zeigte, als es nach der Analyse der Rohfrüchte haben konnte. Nach unserer Überzeugung war das die Folge der Lichtrhythmischen Behandlung, die tief in das Weben der Bildekräfte eingreift.

Obwohl ich hoffte, nunmehr in der Einsamkeit des Böhmerwaldes untergetaucht zu sein, erhielt ich eines Tages einen Musterungsbefehl. Ich war zwar 54 Jahre alt geworden, aber als ehemaliger österreichischer Offizier glaubte ich, wenig Chancen zu haben, frei zu kommen. Während ich zu Beginn des ersten Weltkrieges bereit war, das Staatswesen Österreich-Ungarn zu verteidigen, war ich nunmehr nicht bereit, für das Tausendjährige Reich zu kämpfen. Das Schicksal ersparte mir auch durch die Einsicht des musternden Lazarettarztes die drohende Einziehung.

Der Krieg lag in den letzten Zügen. Das Verkehrschaos war inzwischen so angewachsen, daß es nicht möglich war, auch nur das Geringste aus Stubenbach zu retten. Die Tschechen besetzten das Gebiet, und wir zogen uns zurück, mein Freund Kaphahn zu einer befreundeten Familie in Tegernsee, und ich ins Biologische Krankenhaus in München-Höllkriegelskreuth. Ich war inzwischen öfter dagewesen und freute mich an dem spirituellen Leben, das sich unter Dr. Schauers Fittichen entfaltet hatte.

Ich hatte verschiedentlich versucht, mit Frau Dr. Wegman in Briefwechsel zu treten. Da ich aber die Gewißheit hatte, daß meine Post überwacht und gelesen wurde, hatte ich es immer wieder verschoben. Meine Gedanken waren immer bei ihr, und was ich von ihr gelernt und erfahren hatte, fügte sich in den Leitstern meines Lebens. Sie verbrachte diese letzten Kriegsjahre in der Klinikdependance Ascona, wo sie mit Freunden und Mitarbeitern intensivst an geisteswissenschaftlichen Themen arbeitete, insbesondere in der Christologie, wie man mir später erzählte. Sie starb gelegentlich eines Besuches in Arlesheim am 4. März 1943, bevor ich die Möglichkeit hatte, sie wiederzusehen. Ihre Urne ruht in ihrer Kapelle auf dem Gelände des heilpädagogischen Institutes in Brissago (Tessin), die sie schon zu ihren Lebzeiten von Liane Collot d'Herbois mit Fresken hatte ausschmücken lassen. Ihr zur Seite stehen die Urnen ihrer treuesten Freunde.

Die amerikanische Front näherte sich München. In der unmittelbaren Nähe des Krankenhauses lagen zwei Fabriken mit kriegswichtiger Produktion. Eines Morgens belegten die Engländer das Areal mit einem dichten Bombenteppich. Die Wirkung war verheerend. Aber wie durch ein Wunder blieben die im Keller des Krankenhauses weilenden 150 Menschen unversehrt, während über ihnen das Haus selbst zwar nicht getroffen, aber durch die auf allen Seiten neben dem Haus einschlagenden Bomben völlig unbewohnbar gemacht wurde. – Es gelang Dr. Schauer nach sechs Wochen, mit seinen Patienten wieder einzuziehen. –

Die schwer beschädigten Werke hatten seit der Zeit Stollen in das felsige Steilufer der Isar getrieben, die als Luftschutzbunker dienten. Tags bevor die Front uns überrollte, wurden die Patienten in einen dieser Stollen verlegt, eine provisorische Küche eingerichtet, und die Behandlungen in üblicher Weise durchgeführt. Dr. Schauer hatte ein beachtliches Organisationstalent, und die Versorgung der Kranken konnte reibungslos weitergehen. Als die Isarbrücke nach Grünwald gesprengt wurde, erschütterte uns das bis weit in unsere Stollen hinein.

Als wir nach dem Einmarsch wieder in das Krankenhaus einzogen, erwachten wir quasi in einer anderen Welt. Die amerikanische Militärregierung sorgte zunächst für Ruhe und Ordnung. Wir hatten uns zu behaupten, sowohl gegenüber dem amerikanischen Militär, als auch gegen umherziehende Marodeure. Die Amerikaner hätten natürlich gerne das verhältnismäßig gut erhaltene schloßartige Gebäude für sich beansprucht. Zum Glück hatten wir aber immer einige Fälle leichter Infektionskrankheiten auf Station liegen – was uns einen respektvollen Abstand verschaffte. Diese erste Nachkriegszeit war wesentlich dramatischer als wir ahnen konnten. Wir hatten alle Privatpatienten entlassen und das Haus mit zurückflutenden Soldaten belegt. Im Erdgeschoß waren uns in letzter Minute eine Gruppe kranker Russen aus dem Lager Dachau eingewiesen worden. Ihre gute Behandlung sicherte uns in gewisser Weise vor den Überfällen der Massen russischer Fremdarbeiter, die die Gegend im Siegestaumel unsicher machten. Diese Marodeure und freigelassenen Gefangene besuchten uns nämlich meist nächtlicherweile und forderten Lebensmittel und Decken. Nach Möglichkeit gaben wir dem statt, um aber die Plünderungsgelüste einzudämmen, wurde oft, wie schon vorher verabredet, Alarm geschlagen, und im Nu waren sämtliche Treppen und Vestibüle von gehfähigen Patienten, mit Stöcken bewaffnet, besetzt. Diese stille Demonstration bewirkte, daß es nie zu Ausschreitungen kam.

Der Wiederbeginn nach dem Krieg

Ich überlegte nun, wie es weitergehen solle; alle meine Initiativen und Arbeitsstätten waren durch die Ereignisse zerschlagen worden. Aber ich war weit davon entfernt, klein beizugeben. Ich kaufte eine alte Militärbaracke am Isarstrand und wollte sie im Park des Biologischen Krankenhauses aufstellen. Aber wie? Für Geld tat niemand etwas. Schließlich fand ich einen Bautrupp, der mir aus Gefälligkeit die Baracke abriß – zwar nicht behutsam, sondern so, daß die Späne flogen. Immerhin, da lag nun der Haufen Bretter und Balken, und meine Sorge war groß, wie das ins Krankenhaus zu transportieren. Die Fuhrwerksbesitzer wollten es nur für ein Schwein tun oder wenigstens für ein paar Gänse. Da ich weder Schwein- noch Gänsebesitzer war, dauerte es ziemlich lange, bis sich ein Lastauto erbarmte, die Barackenbestandteile nach dem Krankenhaus zu fahren. Der Bretterhaufen war inzwischen ziemlich geschrumpft, dafür wuchsen in der Umgebung die Kaninchenställe aus dem Boden.

Ich ging nun daran, die mir verbliebenen Reste zu ordnen und den Grund zu legen, eine Arbeit, die weder meine Hände noch mein Rücken gewohnt waren. Aber wieder hatte ich Glück; zwei Italiener halfen mir, den Bau zu erstellen, die Wasserleitungen zu legen und die Beleuchtung zu installieren. Durch Beziehungen, die ich teils durch das Krankenhaus, teils durch Freunde hatte, gelang es mit vielen Mühen, die Laboreinrichtung zu erwerben. So erstand eine stattliche LaborBaracke mit drei Räumen und Vorraum.

Der Anfang der Arbeit bestand in der Herstellung der Arzneien für das Krankenhaus. Bald aber war der Kontakt mit meinen früheren Ärztefreunden hergestellt, und allmählich wuchsen die Anforderungen in erfreulichem Ausmaß. Ich hatte zunächst die Hilfe der Geschwister Weinmar, die schon von Arlesheim her und dann im Böhmerwald mit der Arbeit verbunden waren. Dann aber kam mein Freund Max Kaphahn hinzu. Er stieg in die Pionierarbeit in der Baracke mit Hingabe ein, und wir hatten eine schöne Zeit zwar primitiv-

Die WALA-Laborbaracke in Höllriegelskreuth

ster Lebensumstände, aber begeisternder Zusammenarbeit. Schwesternkurse für das Krankenhaus wurden von Frau Dr. Hauschka-Stavenhagen eingerichtet, und Ärzteabende pflegten die Erneuerung der Heilkunst nach geisteswissenschaftlichen Erkenntnissen.

Die amerikanische Militärregierung hatte inzwischen im Zuge der „Säuberungen" eines Tages Dr. Schauer verhaftet, seines Postens enthoben und einem „Entnazifizierungsprozeß" unterworfen. Nach dramatischen Verhandlungen bestellte sie Frau Dr. Hauschka-Stavenhagen als Chefarzt.

Bald fanden vor dem interalliierten Gerichtshof die Nürnberger Prozesse statt. Otto Ohlendorf hatte sich gemeldet und ohne Beschönigung angegeben, was er getan hatte. Er wurde in der Festung Landsberg mit einer Reihe Mitangeklagter gefangen gehalten. Im Prozeß traten eine große Anzahl Zeugen für ihn ein, aus allen Teilen Deutschlands kamen schriftliche Zeugnisse, auch ich selbst machte in einer Eingabe an den Gerichtshof geltend, was er für die Verfolgten des Nazi-Regimes getan hatte. Trotz allem wurde er zum Tode durch Erhängen verurteilt. Er hatte schon mehrmals die Nacht in der Todeszelle verbracht, da aber aus aller Welt Gnadengesuche eintrafen, wurde die Hinrichtung immer wieder verschoben. Wie mußte sich ein Mensch seiner Potenz geläutert haben, wenn er so oft dem Tod Auge in Auge gegenüber gestanden hatte! Er war in dieser Zeit der Halt und der ruhende Pol für seine Mitgefangenen. Er arbeitete mit ihnen Anthroposophie und gab ihnen so eine Ahnung ihrer ewigen menschlichen Entität. Ich korrespondierte mit ihm und schickte ihm Literatur. Der Gefängnisarzt, der an den Gesprächen der Häftlinge teilnahm, kam dadurch zur Anthroposophie Rudolf Steiners. Otto Ohlendorf wurde mit den letzten Angeklagten der Nürnberger Justiz am 7.

Juni 1951 hingerichtet. Ich bewahre ihm ein freundschaftliches und dankbares Gedenken.

Die Arbeit im Biologischen Krankenhaus entwickelte sich über alles Erwarten gut. Patienten von weit und breit suchten bei uns Heilung und Betreuung. Wir hatten auf einer Wiese im Park ein mehrräumiges Holzhaus aufgestellt mit Eurythmiesaal und einem Nebenraum. Hier war bald die Künstlerische Therapie zu Hause, die Patienten konnten malen, plastizieren, Vorträge hören und mit uns manches Fest feiern. Ein großer Massage- und Bäderkurs leitete die neue Kurstätigkeit ein. Weitere Freunde verbanden sich mit uns zu gemeinsamer Arbeit.

Zunächst kam Frau Mewes, die seit dem Böhmerwald mit unserer Arbeit verbunden war, hinzu und widmete sich der Arbeit im Labor. Hier lag der Keim zu einer nun 20jährigen Freundschaft und Zusammenarbeit. Frau Mewes leitet auch heute (1965; d. Hrsg.) noch das Pflanzenlabor der WALA.

Eines Tages erschienen bei uns per Fahrrad aus Bolsterlang im Allgäu das Brüderpaar Dr. Heinz-Hartmut und Dr. Lothar Vogel. Sie waren eben aus dem Krieg heimgekehrt auf abenteuerlichen Wegen; Lothar künstlerisch orientiert, Heinz-Hartmut Philosoph, beides tüchtige Ärzte. Sie konnten beide gar nicht genug erzählen. Wir fanden uns bald in lebhaftem Erlebnisaustausch, und beide waren begeistert, bei uns eine Gemeinschaft gefunden zu haben, die ihren Intentionen entsprach. Es dauerte nicht lang, und es wurde bei uns die Stelle eines Stationsarztes frei, und Heinz-Hartmut Vogel zog mit seiner ganzen Familie bei uns ein. Bald stieß auch Dr. Matthias Bansa hinzu mit seiner Frau Ursula, die Frauenärztin war. So hatten wir ein Ärztekollegium beisammen, das, auf gleiche Ziele ausgerichtet, freundschaftlich miteinander verbunden, dem Krankenhaus einen besonderen Ruf verschaffte und in ungetrübter Kollegialität durch diese schwierigen Jahre zusammenstand.

Inzwischen war Dr. Schauers Entnazifizierungszeit abgelaufen, und wir versuchten, ihm wieder die Leitung des Krankenhauses zu übergeben. Dem traten aber nun neue Schwierigkeiten entgegen, so daß es nur für kurze Zeit gelang. Das Krankenhaus war eine gemeinnützige Stiftung aus dem vorigen Jahrhundert, und Träger derselben war der „Homöopathische Spitalverein". Derselbe war im letzten Jahrhundert kaum in Erscheinung getreten und hatte im Münchener Stadtgebiet ein dürftiges Krankenhaus betrieben. Als Dr. Schauer Chefarzt wurde, blühte das Haus auf, er verlegte es aus dem Münchener Stadtgebiet in das fürstl. Lippesche Schloß in Höllriegelskreuth an der Isar. Er führte die Homöopathie weiter und befruchtete sie durch geisteswissenschaftliche Erkenntnis. Durch unsere Mit- und Weiterarbeit war das Krankenhaus zu einer Heilstätte im Sinne einer durch Geisteswissenschaft erweiterten Medizin geworden.

Und nun begann sich der Homöopathische Spitalverein auf seine Besitz- und Kontrollrechte zu besinnen. Ich glaubte in dieser Situation eine Chance für die Homöopathie zu erblicken. Ich versuchte, durch viele Vorträge den Brückenschlag zwischen Homöopathie und anthroposophischer Heilweise anzubahnen und den homöopathischen Ärzten zu zeigen, was für ein Licht der Homöopathie aus der Geisteswissenschaft entgegenkam und wie diese dadurch ergänzt wurde. Es gelang auch vorübergehend, Dr. Schauer als Chefarzt zu bestätigen. Doch auf die Dauer war keine Einigung möglich, so daß sich Dr. Schauer zuletzt zurückzog und nach Brasilien auswanderte.

Ich hatte in dieser Zeit die „Ernährungslehre" geschrieben, und Klostermann brachte sie heraus. Was ich im Verlaufe der Jahre in Arlesheim erforscht und auf dem Gebiet der Ernährung erkannt hatte, floß in das Buch ein. Es erscheint heute in dritter Auflage.

Die WALA kommt nach Eckwälden (1950)

Die Arbeit in der WALA-Baracke war inzwischen so angewachsen, daß wir ernsthaft nach einer angemessenen stabilen Arbeitsstätte suchen mußten. Die intime Art unseres Arbeitens brauchte eine Hülle. Es waren daher vor allem die heilpädagogischen Heime, an die wir uns wendeten. Überall wurden wir mit offenen Armen aufgenommen, aber niemand hatte Geld. Es war ja bald nach der Währungsumstellung, und die Kapitalnot war groß.

So besuchten wir – Max Kaphahn und ich – wieder einmal das Heilpädagogische Institut Eckwälden. Dr. Geraths, der Leiter des Heimes, eröffnete uns, daß er uns eventuell einen Kuhstall mit Scheune zur Verfügung stellen könne, aber Geld zum Ausbau hätte er keins. So saßen wir in der Bibliothek, zum Abschied wurde uns noch eine Tasse Kaffee serviert, und wir waren bereit, wieder einmal unverrichteter Dinge nach Hause zu fahren, als eine freundliche ältere Dame hereinkam. Sie fragte, ob wir auch ein Kind hier im Heim hätten, und auf meine bejahende Antwort, daß es aber weder leben noch sterben könne, gab ein Wort das andere, und wir erzählten schließlich von unserem Vorhaben. Sie war so interessiert, daß sie in ihrer Begeisterung ausrief: „Fangen Sie an! Worauf warten Sie?“ – „Wir haben kein Geld!“ – „Aber ich habe welches, wollen Sie's haben?“ Und sie gab uns 20.000 DM. Mit diesem Geld konnte Dr. Geraths seine Stallungen zu einem schmucken Laborhaus umbauen, in dem wir zu Anfang alle selber im 1. Stock wohnten.

Im Dezember 1950 – als die Lage in Höllriegelskreuth unhaltbar wurde – übersiedelten wir dann zu siebt nach Eckwälden. Mit Herzklopfen zogen wir in das neue Haus ein. „Werden wir es wohl erfüllen können?“ so fragten wir uns damals.

Wir wurden von der Bevölkerung zuerst etwas mißtrauisch betrachtet. Es wurde gemunkelt und gerätselt, und eines Tages wurden wir vom Personal des Bürgermeisteramtes gefragt, ob wir über unsere Arbeit etwas Aufklärendes mitteilen könnten. Es wurde der nächste Sonntagvormittag vereinbart. Zur festgesetzten Zeit erschienen sieben Männer unter Führung des Gemeindepflegers – dem heutigen Bürgermeister – und ich versuchte, so verständlich wie möglich über den Rhythmus zu sprechen und über den Zusammenhang zwischen Himmel und Erde. Gespannt hörten die Männer zu und schauten sich die Einrichtungen an.

Das erste WALA-Gebäude in Eckwälden auf dem Gelände des Heilpädagogischen Institutes

Zum Schluß bedankten sie sich herzlich, und einer meinte, es sei so schön gewesen wie in der Kirche. Und besonders köstlich war bei dieser Gelegenheit die Bemerkung eines der Bauern aus dem Gemeinderat: „Und jetzt wisset ma a, was ma sagen müssen, wann die Leut schwätzen, ös seids spinnete Hund!"

Eckwälden, ein Teilort der Gemeinde Boll, liegt am Fuße des Turmberges, auf dessen abgeplattetem Gipfel sich eine keltische Kultstätte befunden haben soll. Auf der anderen Seite von Boll erhebt sich die Bertaburg – ein Berg, auf dem man heute noch die Spuren alter Kultstätten findet. Der Name Bertha, früher Berchta oder Perchta, weist auf die Verehrung einer keltisch-germanischen Gottheit hin, die etwa der griechischen Persephone gleichzusetzen wäre. Im siebenten Jahrhundert stand da wirklich eine Burg, auf der eine Gräfin Berta residierte. Sie ließ die Burg abbrechen und mit den Bausteinen die Kirche in Boll erbauen. Tatsächlich hat man kürzlich bei Renovierungsarbeiten unter der Boller Kirche eine iroschottische Krypta entdeckt*. So kann man sich als Einwohner von Boll-Eckwälden eingebettet fühlen in einem alten Kulturboden, in einer Strömung, die von Irlands Druiden über das iroschottische Christentum in die neueren kulturschaffenden Bestrebungen einmündet. Man kann geneigt sein, die Mission des Pfarrers Blumhardt** um

* Heimatbuch des Landkreises Göppingen 1956.

** Pfarrer Johann Christoph Blumhardt hatte seine Pfarrei in Möttlingen bei Calw unter kirchenbehördlichem Druck aufgeben müssen, in der er durch die Kraft seines Glaubens die von schlimmer Krankheit heimgesuchte Gottliebin Dittus in einem über zwei Jahre sich erstreckenden Ringen der Heilung zugeführt hatte. Mit ihr und Freunden erwarb er 1852 unter großen Opfern das zu dieser Zeit äußerst heruntergewirtschaftete „Königlich Württembergische Wunderbad Boll" – so der offizielle Name –, das zuvor seit 1595 in königlichem Besitz gewesen war, und sanierte es gründlich. Sein Sohn Christoph führte das Kurwesen in seinem Geiste weiter, bis er es im Jahre 1920 in die Hände der Herrnhuter Brüdergemeine übergab. Diese hat heute in Bad Boll einen ihrer Hauptsitze. (D. Hrsg.)

die Mitte des vorigen Jahrhunderts mit der Tatsache im Zusammenhang zu sehen, daß es wirklich eine Eigenart von Boll-Eckwälden ist, die verschiedensten Heilbestrebungen zu beherbergen. Da ist das große Heim für seelenpflegebedürftige Kinder von Dr. Geraths, da sind die Wala-Heilmittel-Laboratorien. Ferner lebt in Eckwälden Frau Werbeck mit dem Heilsingen und fast vis à vis Frau Sittel mit ihrem Therapeutikum für Heil-Eurythmie. – Da ist das Kurhaus Bad Boll, mit einer langen Tradition, worin eben die Gestalt des Pfarrers Blumhardt mit seinen erstaunlichen Gebetsheilungen eine besondere Rolle gespielt hat. Heute wird das Kurhaus mit der wirksamen Schwefelquelle von den Herrenhutern verwaltet. Daneben ist die Evangelische Akademie mit ihren weitreichenden Beziehungen und großem Tagungsprogramm der Begegnungen. In Boll selbst besteht seit 1962 die Schule für künstlerische Therapie und Massage, von der noch die Rede sein wird. – Aber auch auf religiösem Gebiet gibt es in Boll-Eckwälden alle Schattierungen christlicher Bekenntnisse. Und alle leben friedlich miteinander. Diese Toleranz ist eine Eigenart der Schwaben.

Die Arbeit der WALA wuchs und wuchs, so daß die Bewohner des ersten Stockwerkes bald ausziehen mußten, um Platz zu machen für Betriebs- und Büroräume.

Es war nun an der Zeit, daß wir uns eine Konstitution gaben. Wir hatten soziale Ideen und glaubten, diese im Rahmen einer „offenen Handelsgesellschaft" am besten realisieren zu können. Eine O. H. G. ist so biegsam und wandlungsfähig, daß man sich nicht ein für allemal festlegen muß, sondern alljährlich neue Erkenntnisse und neue Impulse einbauen kann, ohne mit dem Gesetz in Konflikt zu kommen. Wir gaben uns ein Statut, in welchem zum Ausdruck kam, daß wir uns als Treuhänder einer Idee betrachteten. Das Führungsgremium bestand aus Max Kaphahn,

Frau Dr. Hauschka-Stavenhagen, Frau Maja Mewes und mir selbst. Wir vier waren vollhaftende Gesellschafter, und es war vorgesehen, daß sich dieses Gremium allmählich durch bewährte Mitarbeiter ergänzt. Dadurch war auch der Idee Rechnung getragen, daß nicht die physischen Erben das Werk weiterführen sollten, sondern die geistigen Erben. Der Betrieb war so eingerichtet, daß jeder neue Mitarbeiter durch alle Abteilungen durchgeschleust wurde, so daß jeder alles kennen und können sollte. Dadurch war es unnötig, Betriebs- und Abteilungsleiter mit rollenden Augen einzustellen. Jeder hatte nicht nur sein eigenes Arbeitsgebiet im Auge, sondern auch das des anderen sowie das Ganze. Auf diese Weise entstand ein Betriebsorganismus anstelle eines Mechanismus. Als die Mitarbeiterzahl steigen mußte, kamen junge Leute aus dem Dorf und der Umgebung und bewarben sich um Mitarbeiterschaft.

Charakteristisch für die gesunde Seelenart der hiesigen Bevölkerung war auch folgendes Erlebnis: Da kam u. a. ein Bauernmädchen, das zuvor in einer der umliegenden Fabriken gearbeitet hatte, und bewarb sich bei uns. Ich fragte das Mädchen, warum es zu uns wolle, wo es doch in seiner früheren Stellung viel mehr Lohn bekommen habe. „Darauf kommt es mir nicht so sehr an" – sagte das Mädchen – „aber bei Ihnen kann man Mensch sein!"

Apothekerin Hilde Beck, meine erste treue Mitarbeiterin, holte ich nach Kriegsende aus ihrer Dienstverpflichtung und bat sie, das verwaiste Labor in Arlesheim zu übernehmen.

Sie tat es auch gern und brachte die Arbeit wieder in Gang. Die Zusammenarbeit zwischen Eckwälden und Arlesheim gestaltete sich durch sie erfreulich. Dann aber erkrankte sie. In einer langen Leidenszeit, die sie in bewundernswerter Haltung durchstand, bereitete sie sich auf den

Die Gründungspersönlichkeiten der WALA nach dem 2. Weltkrieg v.l.n.r. Dr. Rudolf Hauschka, Max Kaphahn, Maja Mewes, Dr. med. Margarethe Hauschka-Stavenhagen

Tod vor. Sie wollte bei klarem Bewußtsein über die Schwelle gehen und lehnte daher betäubende Mittel kategorisch ab. Eine treue Seele ging hinüber!

Man kann immer wieder erleben, ein wie gewichtiges Wort die moralische Kraft einer Individualität beim Verlauf einer Krankheit mitzusprechen hat. Davon zeugt auch folgende Geschichte:

Wir hatten in Eckwälden etwa um dieselbe Zeit einen Mitarbeiter, der an einer Nierenbeckenentzündung erkrankte. Wir pflegten ihn, aber es wollte nicht besser werden. Es war gegen Mitternacht, und das Fieber stieg auf 41°. Wir holten den Dorfarzt, dieser schüttelte den Kopf und meinte, ohne Sulfonamide und Penicillin würden wir wohl jetzt nicht auskommen. Das hörte der Patient und sträubte sich heftig dagegen. „Eher will ich sterben, als dieses Teufelszeug einnehmen", sagte er voll bewußt. „Das ist ein Wort!" meinte der Arzt, und wir versuchten weiter, mit Kompressen und homöopathischen Spritzen dem Übel beizukommen. Nach einer halben Stunde begann das Fieber abzuklingen, und am nächsten Morgen hatte die völlige Genesung eingesetzt. Solcher Beispiele dürfte es im Leben mehr geben als man erfährt.

Die medizinische Bewegung in Deutschland hatte sich nach dem Krieg gesammelt und in der „Arbeitsgemeinschaft anthroposophischer Ärzte" konstituiert. Hingebungsvoll betreut und kraftvoll geführt von unserem verstorbenen Freund Dr. Eberhard Schickler, der den weltweiten Sinn und die Aufrechte des Schwaben mit hoher Spiritualität und einer besonderen Herzensgenialität verband. – Unvergessen sind die Stunden, wo er auch der WALA mit Rat und Tat zur Seite stand.

Die meisten Ärzte der Arbeitsgemeinschaft kannte ich von Arlesheim, Gnadenwald und Höllriegelskreuth, aber die Schar wuchs, und wenn zu Ostern die alljährliche Tagung stattfand, konnte man immer den Aufgang neuer Sterne wahrnehmen. Im Herbst wurde dann eine „Einführungstagung" für Interessenten veranstaltet, zu deren Besuch die WALA wesentlich beigetragen hatte, denn wir korrespondierten mit einer sehr großen Zahl von Ärzten. Trotzdem wir so gut wie keine Werbung machten, kamen täglich

Anfragen – man antwortet – allmählich werden Probleme erörtert, und schließlich steht der Fragende vor den Toren der Anthroposophie.

So wurde es zu einem Bedürfnis, ständigen Kontakt mit der Ärzteschaft auch durch Veranstaltung von kleineren Treffen zu pflegen und sich jährlich an Himmelfahrt zu einer größeren Tagung in Eckwälden zusammenzufinden.

Die Arbeit sprengte bald buchstäblich die Wände unseres Hauses, und wir waren gezwungen, eine Lösung zu suchen. Wir erwarben zunächst ein Grundstück von der Gemeinde am Waldrand des Turmberges und erstellten darauf als ersten Bauabschnitt ein Laborhaus mit einem großen Arbeitsraum. Das war ein Experiment, um zu sehen, wie es sich in einem großen Saal arbeitet, wo alle Arbeitsgänge zu überblicken sind. Die Büros und Lagerräume blieben noch im alten Haus. Das aber erschwerte den Gesamtarbeitsprozeß so sehr, weil dauernd ein Auto unterwegs sein mußte, um die Transporte zu bewältigen, daß wir uns sehr bald zum zweiten Bauabschnitt entschlossen. Der Saal hatte sich bewährt, so wurde auch im Neubau ein solcher eingebaut, vor allem aber auch die Herstellungsstätte für Elixiere, wo die Belichtungs- und Abschirmungsräume nach neuen Prinzipien eingerichtet wurden.

Wenn man heute (1965) durch das Dorf Eckwälden gegen das Königssträßle geht, das in den Wald hinaufführt und später zur Autobahn, die hinter dem Berg sich in die Alb hinaufschwingt, so liegt als letztes Gebäude quer vor dem Wald die neue WALA in einem Wiesengelände, das durch Biologisch-dynamische Bearbeitung zu einem fruchtbaren Obst-, Gemüse-, Heilpflanzen- und Rosengarten geworden ist.

Zur selben Zeit etwa, als wir von München nach Eckwälden übersiedelten, eröffnete das Heilpädagogische Institut ein Seminar zur Ausbildung seines Nachwuchses. Dr. Geraths forderte mich von Anfang an auf, dem Lehrerkollegium beizutreten. In den Gründungsgesprächen vertrat ich immer den Wunsch, das Seminar zu einer Grund-Ausbildungs-Schule für alle in Heilberufen Stehenden zu erweitern, zumal außergewöhnliche Lehrkräfte zur Verfügung standen. Außer den Heimleitern und führenden Mitarbeitern hatten sich Herr und Frau Dr. Lehrs, von England zurückkehrend, in Eckwälden angesiedelt, beides Wissenschaftler von Rang und erfahrene Lehrer. Mir schwebte der Keim zu einer Art Akademie vor.

Die Not an ausgebildeten Heilpädagogen war jedoch so groß, daß man doch das Hauptaugenmerk auf diesen Notstand richtete. Das Seminargebäude wurde inzwischen durch Anbau erheblich erweitert und als Ausbildungsstätte für die gesamte heilpädagogische Bewegung eingerichtet. Ich habe es seither immer als belebenden Einschlag in mein

Das WALA-Stammgebäude in den Jahren nach 1961

Leben empfunden, mit den jungen Leuten Jahr für Jahr zu arbeiten.

Frau Dr. Hauschka-Stavenhagen hatte schon in den ersten Jahren unseres Daseins in Eckwälden Massagekurse gegeben, wofür das Heilpädagogische Institut Räumlichkeiten zur Verfügung stellte. Als die Teilnehmerzahl wuchs, wurden die Kurse zunächst nach Stuttgart verlegt. Wie schon früher geschildert, hatte Frau Dr. Wegman in London eine Art Modell geschaffen für ein Therapeutikum, wohin die praktizierenden Ärzte ihre Patienten schicken konnten für Hydrotherapie und Massage sowie alle Zweige heilkünstlerischer Behandlungen. Solche Stätten sollten eigentlich in jeder Großstadt entstehen. Das erste Therapeutikum dieser Art entstand nun in Stuttgart durch die Initiative von Frl. Gertrud Bender und Frau Olga Smits, beides langjährige Mitarbeiterinnen von Frau Dr. Hauschka. Es fand Nachahmung zunächst in Heidelberg, Berlin und Den Haag.

Um aber alle diese Aktivitäten mit ausgebildeten Kräften zu versorgen, war eine Schule nötig, die auf eigenem Boden stand und für die gesamte Arbeit in der Künstlerischen Therapie und Massage ein Zentrum bildete. Die Ausbildungsarbeit war ja durch 20 Jahre überall in Kursen vertreten worden, hatte jedoch keine eigene Heimstätte. Die Frage, ob die Zeit dazu reif war, hat das Schicksal positiv beantwortet.

Frau Dr. Hauschka hatte eine Schülerin, Fräulein Marbach, die in Mülheim/Ruhr ein „Institut für individuelle Heilbehandlung" betrieb. Sie ergriff die Initiative, sich mit dem Gedanken der Schulgründung ganz zu verbinden. Kurz entschlossen verkaufte Fräulein Marbach ihr Institut in Mülheim/Ruhr, um ihre Praxis nach Boll zu verlegen. Es wurde ein Grundstück in Boll am Fuße der Bertaburg erworben und Architekt Prof. Heim beauftragt, ein kombiniertes Gebäude – Schulhaus mit angeschlossener Massage- und

Bäderpraxis – zu bauen. Der Baugedanke wurde großartig realisiert. Während die Praxis in einem Rundbau erstand, gliederte sich die Schule mit einem großen Saal und diversen Nebenräumen an. Träger des Unternehmens wurde ein gemeinnütziger Verein.

Im Dezember 1961 konnte der Bau bezogen werden, und im Februar 1962 erfolgte die feierliche Einweihung im Kreise der befreundeten Ärzte und der örtlichen Behörden. So kam zur Lehrtätigkeit am Seminar für mich eine weitere Unterrichtsbeteiligung in dieser Schule hinzu.

Wenn man so die Entwicklung der Aktivität in Boll-Eckwälden rückschauend überblickt: der WALA, der Schule für künstlerische Therapie und Massage, des Heilpädagogischen Institutes mit seinem Seminar für Heilpädagogik, so kann man dem Schicksal dankbar sein, es so gefügt zu haben. Es war nicht immer leicht, das Gewollte durchzuführen und die Hindernisse zu überwinden – aber durch Geduld und Durchtragekraft war es doch meist möglich, die Gründungen immer weiter auszubauen und durch die Jahre hindurch zu steuern. Ich erinnere mich in schwierigen Situationen immer an eine Anekdote, die folgendes erzählt: Einer unserer Freunde hatte die von Rudolf Steiner gebilligte Initiative, in Berlin eine Bücherstube einzurichten. Die Schwierigkeiten aber waren so groß, daß der Betreffende resignierte und an Rudolf Steiner schrieb: „Die geistige Welt will es anscheinend nicht." Darauf soll Rudolf Steiner geantwortet haben: „Lieber Freund, die geistige Welt will es wohl, aber die Widersachermächte wollen es nicht."

Das Schicksal – insbesondere der WALA – konnte in dem dramatischen Verlauf der ersten Hälfte unseres Jahrhunderts kein einfaches sein. Die ersten Arbeitsstätten in Deutschland: Ludwigsburg, Dresden, Stubenbach können als Entwicklungsstationen angesehen werden. Durch Gestapo und

Kriegsereignisse war dann alles bisher Aufgebaute verloren. Aber der Impuls war lebendig geblieben und suchte nach dem Kriege einen neuen Anfang. Über die Militärbaracke in Höllriegelskreuth und die ersten Anfänge in Eckwälden vollzog sich auf besonderen Schicksalswegen die Konsolidierung durch das heute die WALA verantwortlich führende Kollegium.

Die WALA hat heute (1965) an die hundert Mitarbeiter *. Dementsprechend sind auch die Bestrebungen in Richtung einer sozialen Gestaltung weiter fortgeschritten. Im Sinne einer zukünftigen sozialen Ordnung werden Formen versucht – z. B. durch die Einrichtung eines „Sozialkapitals", über dessen Verwendung die Gesellschafterversammlung mit Einstimmigkeit entscheidet – welche zu neuen Schritten in der Richtung der Entkapitalisierung führen.

Inzwischen hat sich auch angesichts des Alterns der Gründungsmitglieder das Kollegium verjüngt. Einer unserer ersten und tüchtigsten Mitarbeiter, K. Kossmann, und unser alter Freund aus Höllriegelskreuth, Dr. Heinz-Hartmut Vogel, sind als Gesellschafter in das Kollegium aufgenommen worden. Dr. Vogel hatte seinerzeit noch eine Weile in Höllriegelskreuth durchgehalten und dann in Augsburg eine Praxis eröffnet. Nach einigen weiteren Zwischenstationen hat er sich entschlossen, die Zusammenarbeit mit der WALA wieder aufzunehmen, und zwar diesmal als voll verantwortlicher und vollhaftender Gesellschafter. Dr. Vogel ist vielleicht manchen Freunden bekannt durch seine Arbeit auf dem Gebiet der sozialen Erneuerung. Angeregt durch Rudolf Steiners Dreigliederung des sozialen Organismus hat er, zusammen mit seinem Bruder Lothar, die „Fragen der Freiheit" (Seminar für freiheitliche Ordnung) herausgegeben. Seine besondere Stär-

---

* In den Neunzigerjahren stieg die WALABelegschaft auf ca. 240 Mitarbeiter. (D. Hrsg.)

ke ist die klare, philosophisch durchgearbeitete Gedankenführung, die zu praktisch realisierbaren Vorschlägen hinführt. Bezeichnend dafür ist sein Buch „Jenseits von Macht und Anarchie", das bei manchen Prominenten der Wirtschaft und der Politik Anerkennung gefunden hat. So wird sich seine aktive Mitarbeit in der WALA nicht nur auf das medizinisch-pharmazeutische Gebiet erstrecken, sondern auch auf die weitere Ausgestaltung ihrer sozialen Struktur.

Es ist uns ein Anliegen, unsere Mitarbeiter weiter zu bilden und immer mehr in den Geist einer verchristlichten Wissenschaft einzuführen. Abgesehen von den wöchentlich stattfindenden WALA-Abenden tragen die menschenkundlichen Abendvorträge in der Schule für künstlerische Therapie und Massage und die geisteswissenschaftlichen Vorträge im Heilpädagogischen Institut wesentlich zu einer Bildung einer geistigen Substanz bei. Eurythmie, Musik, Malen, Plastizieren und gelegentliche Sprachgestaltung runden diese Bestrebungen ab.

Eine Rückschau auf das bald ablaufende Jahrhundert bringt uns zum Bewußtsein, wie Fortschritts- und Niedergangskräfte miteinander ringen – draußen in der großen Politik und intern in kleineren Gemeinschaftsbildungen. In keiner Zeit der geschichtlichen Entwicklung war jedoch der Umbruch auf allen Gebieten so kraß wie in unserem Jahrhundert. Die nationalen Fanatismen der ersten Jahrhunderthälfte scheinen nun doch einer mehr kosmopolitischen Einstellung zu weichen. Überall sprießen und sprossen Versuche zur Gestaltung eines menschenwürdigen Daseins auf, und doch droht dies alles wiederum verschüttet zu werden durch die Niedergangskräfte, die sich im Materialismus des sogenannten technischen Fortschrittes vornehmlich austoben. Die Technik führt uns dem „mechanistischen Wahnsinn" entgegen. Radio, Fernsehen, Raketen sind Tore, durch die der Niedergang seinen Einzug in die menschliche Seele hält. Es ist erschütternd zu beobachten, wie die Menschenseele sich in ihrer tieferen Sehnsucht nach dem Kosmos in das Reich der Sterne zu erheben sucht und wie dieser urmenschliche Trieb vermaterialisiert in der Astronautik in Erscheinung tritt. Diese Entwicklung ist natürlich auch nicht aufzuhalten, führt den Menschen aber an die Grenzen seiner Existenz und ist, wenn sie einseitig im Materiell-Mechanischen verfolgt wird, geeignet, den Menschen von seinem wahren Ziel völlig abzulenken. Das, was der Menschenseele geistig vorbehalten ist, die Entwicklung eines kosmischen Bewußtseins, soll auf diese Weise durch die Niedergangsmächte im Materiell-Mechanischen vorweg genommen und die geistige Seite erdrosselt werden. Das aber bringt nicht nur die Menschenseele, sondern auch die Erde im Verhältnis zu den kosmischen Gegebenheiten aus dem Gleichgewicht.

Rudolf Steiner wies einmal darauf hin: „Wenn es einst gelingen sollte, den Mond zu beschießen, werden die Antworten aus dem Innern der Erde kommen". Sollten nicht die fast täglich gemeldeten Erdbeben, Erdrutsche und sonstigen Naturkatastrophen ein Menetekel sein? Ist es so schwierig, die Einsicht zu gewinnen, daß Erde und Kosmos ein Organismus sind und daß man nicht ungestraft das Funktionieren desselben stören darf? – Auch nicht aus Unwissenheit!

Im Laufe der Forschungen über Feinst-Veränderungen der Materie, die sich bei der Kapillardynamischen Methode zeigen, machte sich ein alarmierendes Symptom geltend. Auf einer der Ostertagungen der Arbeitsgemeinschaft anthroposophischer Ärzte auf der Comburg, 1964, sprach Frau Kolisko – die Altmeisterin der Kapillardynamischen Methode – über „das Gold und die Zeichen der Zeit". Sie hatte in früheren Jahren die Zusammenhänge der Metalle mit den Planeten im Steigbild nachgewiesen, insbesondere die Auswirkung der Sonnenfinsternis auf das Gold. Während einer Sonnenfinsternis zeigt nämlich das sonst in herrlichen Farben leuchtende Goldsteigbild eine Verdunklung und das Auftauchen grauer Gestaltungen. Frau Kolisko zeigte nun Goldsteigbilder der letzten Jahre, die fast stündlich und zu allen Tages- und Jahreszeiten gemacht wurden, und die alle ohne Ausnahme die unheimlichen dunklen Gestaltungen zeigten, wie sie früher, in der ersten Jahrhunderthälfte, nur bei Sonnenfinsternissen auftraten. Sie schloß ihren Vortrag mit einer Frage an die Ärzte, ob sie, angesichts der Veränderung des Goldes, dessen Verwendung als Heilmittel noch verantworten könnten. Die Erregung unter den Zuhörern war beachtlich, und ich hatte die Absicht, in der Aussprache am nächsten Morgen noch einen Beitrag zu liefern, denn auch in der WALA hatten wir dieses Phänomen wahrgenommen. Es bestand kein Zweifel: Das Gold war seit der Mitte des Jahrhunderts ein anderes geworden, es war erkrankt. Oder mit anderen Worten, der Zusammenhang zwischen Sonnensphären-Einstrahlung und dem Metall, durch das sie hindurchwirkt, ist gestört. In der Fülle der Tagungsthematik ging die Aussprache über dieses epochale Phänomen später leider etwas unter. In einem kleineren Ärztekreis aber entstand die Frage, ob man das kranke Gold nicht heilen könne. Wir konnten anhand der WALA-Erfahrungen dann zeigen, daß eine Erneuerung der Goldqualität möglich sei durch die rhythmische Behandlung, wie wir sie unseren Pflanzenpräparaten zuteil werden lassen, ja daß sogar ein rhythmisches Schütteln, wie es im Potenzierungsvorgang üblich ist – wenn es richtig gemacht wird – eine Qualitätsverbesserung zur Folge hat.

„Ja – und wer schüttelt uns?" fragte einer der Ärzte. Wie behalten wir als ganze Menschen das gesunde Verhältnis zu den vom Kosmos einstrahlenden Kräften, die durch die elektromagnetischen Wirkungen, die heute dichter und dichter die Erde umkreisen, gestört werden? „Wer schüttelt uns?" Wir müssen die absteigende Phase der materiellen Entwicklung, die ja sein muß, mitmachen. Es handelt sich auch niemals darum, sie zu bedauern oder in ihren rechtmäßigen Bereich nicht anzuerkennen, aber der Mensch muß das Maß aller Dinge bleiben. Was uns schüttelt, das ist der Herzens-Lungen-Schlag – wäre die Antwort. Der Atem-Puls-Rhythmus, der sich in den Rhythmus des Sonnenganges eingliedert, schließt den Menschen nach Leib, Seele und Geist an das schöpferische Universum an. Da schlägt das Gewissen, im Herzen erfolgt die Ätherisation des Blutes, die Kraft der Vergeistigung, die uns zu höheren Seelenfähigkeiten leitet.

Wir eratmen uns mit dem Sauerstoff das Leben. Der Sauerstoff ist Träger des irdischen Lebens (siehe Substanzlehre). Mit dem ersten Atemzug ist das Neugeborene Erdenbürger, und der Sauerstoff begleitet es bis zum letzten Atemzug. Er begleitet also unser leibgebundenes Leben, er verbrennt uns im Laufe unseres Lebens, erhält aber die Flamme des irdischen Lebens.

Diese Luftatmung aber wird umspielt durch einen höheren Rhythmus, die Lichtatmung, – das Wort „Licht" hier gebraucht für die Gesamtheit der ätherischen Bildekräfte, – die sich in unserer Sinnesorganisation abspielt. Am Auge können wir es z. B. ablesen, wie es auf einen Farbeneindruck mit der Komplementärfarbe antwortet. Das ist ein höherer Atmungsvorgang, der sich in einem feineren Medium abspielt, das wir mit dem Namen „Licht" bezeichnen wollen. Der Bildekräfteleib atmet eben auch. Wir eratmen uns die Seele im Licht. Das Leben in den Sinnesqualitäten ist ein

Seelenleben. Mit den Sinnen nehmen wir die Außenwelt in unser Seeleninneres auf.

Aber auch diese Lichtatmung wird überspielt durch eine noch höhere Atmung, nämlich durch das reine Denken im Geiste, welches ich als eine Feueratmung bezeichnen möchte. Wir eratmen uns den Geist im Feuer. Da begegnen wir den schöpferischen Weltgedanken, da erwachen wir in der Urbilderwelt. Hier wird die warme Hingabe, die Liebe, zur Erkenntniskraft. Nur im Feuer halten wir die Beziehung zu den die Menschheitsentwicklung leitenden Geistesmächten. Der Menschengeist ist abgestiegen durch die Elemente in einen festen Leib, aber nur durch diese gestuften Atmungsvorgänge kann er seine Gesamtwesenheit nach Leib, Seele und Geist gesund und weltgerecht im Physischen darleben und allmählich wieder vergeistigen. Atmung verbindet die Stufen des Seins miteinander: Die Luftatmung den Leib mit dem Leben, die Lichtatmung das Leben mit der Seele, die Feueratmung die Seele mit dem Geist. Alle Umwandlungen des materiellen Leibes in höhere Formen, wie auch alle Gesundungsvorgänge, sind Atmungsgeheimnisse. Diese Atmungsgeheimnisse durch die Elemente hinauf verwaltet seit altersher Merkur – mit seinem verchristlichten Namen Raphael genannt.

Seit dem Mysterium von Golgatha hat die Erde die Auferstehungs-Vergeistigungskräfte in sich aufgenommen, daher nennt Rudolf Steiner diese 2. Hälfte der Erdenentwicklung die Merkurhälfte; die ganze Erden- und Menschheitsentwicklung zerfällt in eine absteigende Marshälfte und eine aufsteigende Merkurhälfte. Wir müssen suchen diese Rhythmus-Atmungsgeheimnisse, sie führen in die Zukunft.

Diese sich miteinander verschlingenden Rhythmen entwickeln und metamorphosieren sich im Laufe der Zeiten.

Wir leben in einem apokalyptischen Zeitalter; und es

scheint, daß die Auseinandersetzung der Niedergangskräfte mit denen des geistigen Fortschritts gegen das Ende dieses Jahrhunderts einem katastrophalen Höhepunkt zustrebt. Wir können die Augen nicht davor verschließen, daß eventuell Katastrophen, seien es Kriegskatastrophen oder Naturkatastrophen, unserer Zivilisation ein Ende bereiten werden. Was können wir dagegen tun? Es wurde oben geschildert, wie das Gewissen uns schüttelt und wie im Gewissen der Ankergrund liegt, von dem aus wir das Schicksal bejahen und meistern. In jedem Augenblick das Ganze im Auge zu haben und das Rechte zu tun, ist wohl die Devise, die uns in die Zukunft führt. Wird Mitteleuropa, als Repräsentant gleichgewichtschaffender Seelenkräfte im gegenwärtigen Menschheitsgeschehen, seine Heiler-Aufgabe in der Welt begreifen und ergreifen? Bedeutet die Jahrtausendwende, vor der wir stehen, einen Anruf an die Menschheit des zwanzigsten Jahrhunderts?

Man möchte jedem Zeitgenossen die Worte aus Goethes Märchen zurufen:

„Es ist an der Zeit –
Eile und bade Dich im Flusse –
Alle Schulden sind abgetragen. Von
heute an ist keine Ehe gültig, die nicht
aufs Neue geschlossen wird.

Ich nehme Deine Hand von neuem an
und mag gerne mit Dir in das folgende
Jahrtausend hinüberleben. –

Bis auf den heutigen Tag wimmelt die Brücke
von Wanderern und der Tempel ist der besuchteste
auf der ganzen Erde."

Goethe: Das Märchen

Rudolf Hauschka – Lebensdaten

* 6. November 1891 Wien	
1908–1913	Studium der Chemie u. Medizin in Wien und München
1910	Freideutsche Jugend Gründung der „Deutsch-Akademischen Gemeinschaft" und des österreichischen „Wandervogels"
	Erste Berührung mit der Anthroposophie durch Karl Schubert
1913–1914	Assistent an den Hochschulen in Wien und München
1914–1918	Oberleutnant in der österreichischen Armee
1918–1925	Chefchemiker und Direktor in der chemisch-pharmazeutischen Großindustrie
	Sommer und Herbst 1924 Wesentliche Gespräche mit R. Steiner
1925–1928	Haifisch-Expedition im Indischen Ozean
	Sommer 1928 Wesentliches Gespräch mit Ita Wegman
	Februar 1929 Beginn der Arbeiten in der Klinik Arlesheim (Dr. Wegmans Forschungsauftrag)
1929–1935	Entwicklung der rhythmisierten Präparate in Arlesheim
1935	Erstes WALA-Labor in Deutschland (Ludwigsburg)
1940	Kuranstalt Gnadenwald
1941	Gestapo-Gefängnis
	im selben Jahr Begegnung mit Max Kaphahn und Maja Mewes
1942	Erste Auflage der „Substanzlehre" beim Verlag V. Klostermann (geschrieben im Gefängnis in Innsbruck)
1943	Biologisch-Homöopathisches Krankenhaus München Höllriegelskreuth – Labor in Stubenbach/Böhmerwald (hauptsächlich Elixier-Herstellung)
1945	Erstes Treffen mit Heinz-Hartmut und Lothar Vogel in Höllriegelskreuth
	September 1947 WALA-Arbeit mit Max Kaphahn und Maja Mewes in der Höllriegelskreuther Baracke
1950	Übersiedlung der WALA nach Eckwälden in das zum Labor- und Wohnhaus umgebaute ehemalige Stallgebäude auf dem Gelände des Heilpädagogischen Institutes
1955	Erstes eigenes WALA-Gebäude am oberen Ortsende Eckwäldens
	November 1960 Grundsteinlegung der Schule für Künstlerische Therapie und Massage in Boll – heute Margarethe Hauschka-Schule für Künstlerische Therapie und Rhythmische Massage
	Februar 1962 Einweihung der Schule
† 28. Dezember 1969	

Bildnachweis:

Titelbild sowie Fotos S. 11, 59, 65, 74, 77, 78, 79, 83, 107:
Frau Marbach, Dr. Hauschka-Nachlaßverwaltung, Bad Boll

S. 53 (W. J. Stein): aus „W. J. Stein. Eine Biographie" von Johannes Tautz, Verlag am Goetheanum, Dornach 1989

S. 63 (Dr. Rudolf Steiner): © Verlag am Goetheanum, Dornach

S. 86: Ita Wegman-Klinik, Arlesheim/Schweiz

S. 26: Zeichnung von Frau Heidrun Künstner, Eckwälden

Alle anderen Fotos stammen aus dem WALA-Archiv, Eckwälden

Wir danken allen hier Aufgeführten für das freundliche Überlassen des Bildmaterials.

REGISTER

RUDOLF HAUSCHKA

Ernährungslehre

Zum Verständnis der Physiologie der Verdauung
und der ponderablen und imponderablen Qualitäten
der Nahrungsstoffe

10. Auflage 1999. 266 Seiten, 23 Tafeln mit 67 Abbildungen
Kt EUR 17,– (D) ISBN 978-3-465-03021-8

Heilmittellehre

Ein Beitrag zu einer zeitgemäßen Heilmittelerkenntnis.
Unter Mitwirkung von Dr. med. Margarethe Hauschka

6. Auflage 2004. 280 Seiten, 60 Abbildungen
Kt EUR 19,80 (D) ISBN 978-3-465-03328-8

Substanzlehre

Zum Verständnis der Physik, der Chemie und
therapeutischen Wirkungen der Stoffe

12. Auflage 2007. XIV, 360 Seiten, 68 Abbildungen
6 Tafeln
Kt EUR 22,– (D) ISBN 978-3-465-03518-3

Vittorio Klostermann
Frankfurt am Main